本书由国家自然科学基金项目（42371427）、
深圳大学青年教师科研启动项目（纵20220442）资助

高密度城市
社会–生态网络
建模研究

洪武扬　著

WUHAN UNIVERSITY PRESS

武汉大学出版社

图书在版编目(CIP)数据

高密度城市社会-生态网络建模研究 / 洪武扬著. -- 武汉：武汉大学
出版社，2025.8. -- ISBN 978-7-307-24971-4

Ⅰ. TU984

中国国家版本馆 CIP 数据核字第 20250Z32A6 号

责任编辑:王 荣 责任校对:杨 欢 版式设计:马 佳

出版发行:**武汉大学出版社** （430072 武昌 珞珈山）
（电子邮箱:cbs22@whu.edu.cn 网址:www.wdp.com.cn）
印刷:武汉中远印务有限公司
开本:787×1092 1/16 印张:11.25 字数:206 千字 插页:1
版次:2025 年 8 月第 1 版 2025 年 8 月第 1 次印刷
ISBN 978-7-307-24971-4 定价:65.00 元

序

　　21 世纪的城市化进程正经历着人类历史上最剧烈的城市空间重构。全球千万级人口城市从 1950 年的 2 座激增至 2025 年的 33 座，预计 2030 年将突破 43 座。这种增长不仅预示着人口、经济等要素的高度集聚，更引发了社会生态系统（Social Ecological System，SES）的深层结构变革。在我国一些具备发展优势的地区，率先形成了以人口高度集聚为典型特征的高密度城市。这些城市在我国跻身世界前列的进程中扮演着重要的支撑角色，有力推动了国民经济持续快速增长。然而，历经长时期高强度建设开发和自然资源的大范围开发利用，高密度城市正面临生态系统的自然生境破碎化、社会系统的供需功能空间失衡等诸多问题。

　　在这一背景下，如何在高密度城市中实现社会生态功能协调发展，成为学术界和城市规划师共同关注的焦点。社会生态系统视角为我们理解城市复杂系统提供了新的思路，而复杂网络方法为分析城市系统的结构与功能提供了有力的工具。本书正是基于这一视角与方法，深入探讨了高密度城市社会-生态网络的构建、演化与优化路径。本书的创新价值，正在于将复杂网络理论引入城市 SES 研究，构建了具有范式突破意义的社会-生态网络模型。

　　在理论建构层面，本书倡导并建立了社会生态系统的网络化表达范式，从理论扩展的角度，将人类活动视作生态过程中重要的组成部分，推动自然生态要素与人的要素的耦合协调，建立生态过程（ecologic process）和社会过程（social process）的耦合网络模型。在对高密度城市特征加以充分理解的基础上，本书提出了高密度城市社会-生态网络的研究框架、对象与要点，进而制定适应性的空间优化策略，有利于丰富城市社会生态系统相关理论研究。

　　在方法论层面，本书利用复杂网络工具对高密度城市空间优化问题进行模拟分析，形成了"网络构建—网络分析—网络控制"技术体系。基于新城市科学、图论等理论，本书融合了复杂网络、空间分析、大数据计算等多学科方法，构建了高密度城市社会-生态网络的分析框架，并以深圳市为研究对象，深入剖析了城市社会-生态网络的结构

1

特征、运行机理及优化路径。针对高密度城市的社会网络与生态网络往往存在空间错配问题，提出了基于连通性增强、碳排放优化和供需均衡的网络优化策略，具有显著工程应用价值。

本书的作者是一位勤奋钻研、勇于探索的青年学者，凭借浓厚的科研兴趣和多年的城市实践认知，积极开展了独具特色的城市科学研究路径探索。本书内容源自他在博士研究阶段所设计的"网络化社会生态系统"概念框架，再历经数载持续深化和思考沉淀，逐步形成了现今这一城市社会生态系统建模方法论。这种从理论建构到实证研究的完整闭环，彰显了青年学者的问题洞察力和技术执行力。当然，城市系统的复杂性决定了城市科学研究永无止境。当前的研究成果在多元异构数据融合建模、非线性系统行为预测、多主体协同调控机制等方面仍需深化突破——这些既是学术前沿课题，也是可持续城市社会构建亟待破解的现实命题。

基于地理网络模型的研究范式是城市空间优化理论的重要发展方向之一。期待本书能为城市科学、地理学、空间规划等领域的研究者提供有益的参考，也期待更多青年学者投身这一充满挑战的领域，用数字网络思维解析城市规律，最终将算法模型转化为可持续的人居营造智慧。

郭仁忠

2025 年 3 月

前　言

近几十年来，随着我国城市化水平的不断提升，城市人口密度和经济活动密度相应增加，形成了以人口高度聚集为特征的城市格局，并通过集约化管理提高了资源利用效率。现代城市的社会空间形态呈现多元化特征，各类社会经济活动日益频繁，城市居民的生活节奏持续加快，这使得高密度城市地区人与自然的关系越发紧张。受我国人多地少的基本国情制约，自然生态空间逐渐被各类人工建筑物所替代，这不仅导致城市生态空间缩减，还引发了生物多样性减少、人居环境品质下降等一系列问题。在气候变化加剧、自然灾害频发等时代背景下，资源约束趋紧、环境污染严重等问题对人类的生存、发展产生了深刻且持久的影响，给高密度城市可持续发展带来了威胁。

良好的生态环境是最公平的公共产品和最普惠的民生福祉。当前，国家层面正在着力推进生态文明建设，推进城市治理体系与治理能力现代化，打造宜居、韧性、智慧城市。高密度城市的社会经济要素与自然生态要素耦合交错，形成复合的社会生态系统，解析这个社会生态系统的运行逻辑与动力机制，可以确保城市复杂系统稳定、高效地运行，为实现城市高质量发展提供有效的保障。

本书倡导以网络视角来解析高度复杂的城市社会生态系统。本书通过城市社会生态系统的网络化建模：在理论层面，将人类行为活动与生态系统服务等因素纳入城市复杂系统研究范畴，结合高密度城市的特殊性，系统地提出高密度城市社会-生态网络建模的研究框架，尝试进行城市社会-生态网络概念体系及其技术方法的拓展；在实践层面，从多个维度审视和诊断城市复杂系统在网络结构层面存在的问题，希望有益于城市资源要素的优化配置与空间整合，也为其他城市系统治理提供借鉴。

深圳是中国乃至全世界快速城市化的典型，在空间资源有限的情况下，这里聚集了大量人口，城市的空间形态呈现出高密度发展的格局。本书以深圳为研究对象，以新城市科学、图论等为理论指导，综合运用源-汇原理、复杂网络、空间分析、大数据与计算机仿真等多学科交叉知识，围绕城市社会-生态网络的"理论框架""建模方法"和"诊断优化"三个核心内容，对深圳市的三类典型网络进行建模、分析与优化。研究成果对于促进城市社会低碳转型和维护城市生态安全等具有现实意义。

本书由笔者总体构思、设计、实验和成稿，凝聚了从博士研究阶段至今围绕城市复杂系统建模方向的阶段性研究成果，受到国家自然科学基金项目的资助。为本书研究作出贡献的课题组成员有李叶凌、刘雨柯、李洁炜、杨舒雯、赵滢湄、谷家麒、崔艺馨、梁敏德等，在此谨向他们表示衷心的感谢。本书能够付梓并顺利出版，离不开郭仁忠院士的悉心指导，同时杨晓春、李飞雪、李晓明等学者也在本书的写作过程中给予了诸多帮助，在此一并表示感谢。此外，在本书写作过程中，笔者查阅了许多有关社会-生态网络研究的文献，也引用了若干案例研究资料，以期呈现当前这一研究热点的全貌，在此谨向前辈学者表示最诚挚的谢意，也向标注引文时可能被遗漏的文献的作者表示歉意。

本书在城市社会-生态网络概念模型、网络结构定量诊断方法、结构优化技术方案等方面有新的见解与创新。本书适宜城市科学、地理学、空间规划及其相关领域从事、管理和科研工作的人员阅读使用，也可作为高等院校师生及政府决策部门人员的参考资料。整体上，有关社会生态系统的网络化建模研究还处于初级阶段；鉴于城市复杂系统所涉要素极为广泛、呈现模式高度综合、研究方法繁杂且受限于笔者自身能力，本书在研究内容方面仍存在一些有待完善之处，如全球或国家尺度数据获取、动态网络模型构建等有待进一步研究。衷心期盼有关专家、同行及广大读者对本书给予批评、指正！因本书中有较多彩图，为方便读者阅读，特将这些彩图做成数字资源，读者可扫描封底二维码后取阅。

目　　录

第1章 绪 论

1.1 研究背景

1.1.1 城市人地复合系统调控的理论延伸

近几十年来，人类活动对地球产生的影响在范围上不断拓展、强度上不断加剧、幅度上不断增大，逐渐演变成驱动地表各类生态过程和环境演变的主要动力（刘彦随，2020）。2000 年国际地圈生物圈计划（IGBP）提出"人类世"（Anthropocene）的概念，全面描述了人类活动对地球系统变化与响应的核心和主导作用（Ruddiman，2013）。因全球可持续发展面临的威胁与日俱增，尤其是城市化进程对地球表层环境造成了前所未有的巨大冲击，如何科学理解和管理人类城市与自然环境之间的复杂互动成为一项挑战，这催生了人地复合系统理论的提出与发展，以寻求更好的人与自然相处之道。城市具有人口高度密集、空间多元复杂的特征，城市人地系统一直以来都是国内外城市研究领域的热点之一（王甫园等，2018）。

人类活动与自然环境按照一定的规律相互作用，构成了一个极其复杂的系统，即人地关系地域系统（李扬等，2018；王义民，2006）。城市人地关系及其变化研究的历史相对较久，从早期强调人类社会及其活动与自然的关系，拓展到当前的城市安全韧性、城市环境变化、生态环境问题、资源可持续利用等具体内容。许多学者基于对城市人地关系地域系统的理论认知，对不同尺度的人地关系地域系统进行了全面的探索，围绕人地系统的过程、格局、作用机理及其调控路径进行了大量理论与实践研究。总体而言，人地系统演进的基本模式可归结为渐变型模式、突变型模式和复合型演变模式（毛汉英，2018）。1984 年，我国生态学家马世骏等在理论层面将社会、经济与自然三个亚系统进行了整合，以人类活动为纽带构建起相互作用与制约的关系，调节和控制人地复合生态系统中各亚系统及其组分之间的生态关系，涵盖了"因素+机理、功能

1

+系统、过程+格局、尺度+界面"等基本问题。

"人地复合系统"被提出后,受到学术界广泛关注,尤其是不同尺度的社会和生态过程及其相互作用形成的复杂系统更受到重视(张平等,2022;黄馨等,2024)。在此基础上,涌现出人地系统脆弱性与弹性、人地系统耦合协调、人地系统动力学、人地子系统网络分析等模型(Bodin,2017;Scheffer et al.,2012;刘彦随等,2024),为城市生态学和城市社会学研究提供了重要的理论启示(Liu et al.,2021)。这些研究中既有对国家、区域、流域等宏观尺度的总体格局的系统探索,也有对城市、社区等微观尺度的城市人地系统时空耦合过程与机理研究,两个方面的共同点是都强调城市是人类与环境相互作用形成的复杂适应系统。城市作为一个独特的"尺度空间",人地复合耦合系统的理论内涵及其所强调的综合分析框架和综合研究方法,为理解城市社会生态系统的复杂性提供了有力支撑(图1.1)。

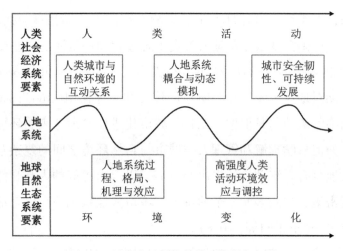

图 1.1　城市人地系统科学及其研究主题

2023年末,我国常住人口城镇化率达66.16%,已进入城市化发展的后期阶段。城市化进程促使城市中人口、财富、基础设施等社会要素与绿地、水体、自然资源等生态要素高度聚集,且彼此联系紧密,构成了复杂的人地交互系统。长期以来,人地系统研究强调从组织、时间、空间等多个维度上耦合要素与过程,以反映人地系统中存在的互馈、阈值、时滞、弹性、异质性等复杂非线性动态特征。鉴于人地系统始终处于动态变化过程之中,构建一个通用的综合研究框架来理解人地系统的动态演变机制显得尤为必要。总体来看,人地耦合系统研究框架研究还处在发展阶段,未来需要重点关注人地相互作用高度复杂的高密度城市群、都市区、超特大城市等地域系统。

1.1.2　城市复杂系统定量分析的发展趋势

系统分析(System Analysis)作为一种新兴的科学研究理念,源自系统科学的发展(魏宏森,2024)。系统科学是于 20 世纪中叶前后发展起来的一个遍及各学科的崭新科学领域。一般认为复杂系统是由若干要素以一定结构形式联结构成的具有某种功能的有机整体,包括要素、结构、功能三个方面的内容,综合了要素、系统与环境三个方面的复杂关系。系统分析就是按照事物本身的系统性,把要素放在系统与环境中加以考察的一种方法;着重整体与部分(要素)之间、整体与外部环境之间的相互联系、相互作用、相互制约的关系研究,以实现对高阶次、多回路、非线性、动态复杂系统进行综合分析,其显著特征是整体性、综合性、最佳化。系统分析理论的重点是从系统的观念或角度去考察、研究整个客观世界,为我们认识和改造世界提供了科学的理论和方法。

在城市研究领域,系统科学思维的引入极大地推动了城市解析方法的发展,由开始以单一社会或生态问题为中心逐渐转向以城市社会生态系统为中心。城市是一个复杂巨系统,具有多要素主体集聚、非线性发展、要素流动频繁等特征,复杂性是当前城市研究的一个重要概念。针对复杂系统的传统研究思路是分解,通过将城市问题分解为经济、社会、科技、环境、规划等各个部分并逐一澄清,从而全面地认识城市复杂系统的类型、结构和功能(侯汉坡等,2013)。系统分解观下的城市解析策略,将城市视为一个由多样的社会生态要素组成的有机整体(王如松等,1996),通过对要素的流动关系与分布特征进行分析,从时间与空间双重视角展示城市系统的复杂特征、内部关联性、相互作用。伴随复杂性科学的兴起,近 30 年来,相关概念逐步应用于定量化城市科学研究,并产生了许多有价值的成果,如城市地租模型(谢地等,2022)、分形城市理论(陈彦光,2019)、城市规模的齐普夫律(李红雨等,2022)、标度律(贾艳红等,2024)和生长模型(于卓等,2008;李亚桐等,2020)等。

城市作为一个结构复杂、自组织的多变量系统(图 1.2),其构成要素均具有空间属性(李睿琪等,2022),例如道路和绿地等开放空间联系起城市中的各类生产与生活活动,实现物质交换和信息交流,形成相互连接、相互依存的关系。因此,空间网络模型逐渐成为定量解析城市系统的一种重要方法。常用的有空间句法(杨滔,2017;肖扬等,2014)、路径分析法(郭慧锋等,2024)、半网络与网络模型(张妍等,2017;李培庆等,2024)等,这些方法都是建立在对城市要素的拓扑属性抽象与提取基础之上。通

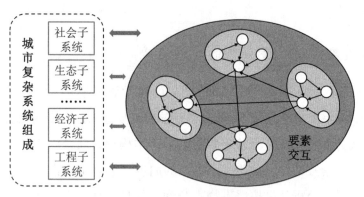

图 1.2　城市复杂系统的组成

常用节点表示独立的要素，节点的属性涵盖范围广泛，包括微观层面的街道端点、道路交叉点以及中观层面的单个城市居住社区、工业园区甚至宏观层面的独立城市等；用连接节点的边表示要素之间的某种特定关系，并以此衍生出多种城市系统拓扑图式方法。由此，已经发展出丰富多样的网络度量参数，适用于多种场景下的城市网络形态与系统结构描述与分析。

　　随着人类活动主体与地理环境之间的融合程度不断加深，"纯"人类活动主体、"纯"地理环境越来越少（张玉泽等，2017），人类活动与地理环境的界面越来越模糊，相互作用的内生化趋势加剧，作用关系的复杂程度不断提高，需要进一步拓展和探索科学、有效的量化分析技术手段。近年来，城市系统分析优化技术应用逐渐发展成熟，人工智能（AI）、城市信息模型（CIM）等技术为城市复杂系统研究提供了有力支撑（杨滔等，2022）。通过系列过程计算与模拟规则设置，可以实现现实城市系统问题的仿真优化，包括暴雨内涝疏解、交通拥堵缓解、碳排放控制、生态保护修复等系统事件模拟，为城市空间规划管理、生态环境管制、安全韧性保障等提供重要支撑。

1.1.3　城市空间治理能力提升的现实需求

　　纵观国内外城市化进程，在很大程度上是以建设空间快速扩张为主的一种城市化形态，城镇建设空间与生态空间相关的理论体系和技术方法得到迅速发展（赵文武等，2020；周一星，2006），为城市化进程中的经济增长、人口集聚、产业发展和生态保护等目标提供了有力支撑。城市空间治理能力是衡量城市治理现代化水平的重要维度，体现为对土地利用、功能布局、资源配置和公共空间优化等方面的系统性调控与协同响应能力。

全球人类活动与气候变化加剧，生态文明建设的重要性日益凸显，城市中人类活动与自然生态驱动过程的交互响应逐渐受到重视。例如在城市生态空间中，通过森林城市、公园城市建设提高了生态网络的通达性，提高市民游憩休闲服务质量，同时间接地为野生动植物提供了栖息地，促进了生物多样性。在城市建成区中，通过优化路网格局，大力发展公共交通，修建自行车道和步行街等基础设施，鼓励市民选择骑行或使用公共交通工具出行，以减少机动车尾气排放、降低碳足迹，改善空气质量。这些行动都是通过改造城市空间以实现可持续发展。

现代城市的迅速更新迭代在促进社会经济高速发展的同时，也带来了人地矛盾加剧等一系列新的问题，这些问题的本质属性之一是空间性（郭仁忠等，2018）。从空间的角度来讲，多年持续快速城市化引发的城市空间蔓延，所带来的直接后果：一方面表现为社会生产生活空间急剧扩张，即城市建成区面积增加，地表建筑物密度迅速上升；另一方面表现为生态空间萎缩和破碎化，包括自然区域面积、自然资源数量的下降，以及自然生态空间连续性的割裂与破坏。目前，我国城市空间建设失衡问题依然广泛存在，全国中度以上生态脆弱区面积约占陆地总面积的55%，荒漠化、水土流失、石漠化等主要集中在西北和西南地区（国家发展和改革委员会，2015）；2000—2014年，生态退化区域表现出不同等级的退化持衡、加重、逆转的趋势（甄霖等，2019）。在城市这一尺度，尤其是高密度城市面临的主要生态问题，包括生态空间遭受持续威胁、生态系统质量和服务功能下降，难以满足居民日益增长的服务需求等。

为此，十余年来我国逐步开展了以国土空间规划改革为主要手段的城市空间治理路径探索。截至2024年12月，我国省级国土空间规划均已得到批复，约有88%的市级国土空间规划得到批复，空间规划体系逐步成型完善。如《深圳市国土空间总体规划（2021—2035年）》中对城市的生产空间、生态空间、生活空间进行了明确分区，统筹划定生态红线与城镇开发边界，体现了从"单一管制"向"管制与治理并重"理念的转变。这些空间管制线对城市系统中的各类空间进行了联合划分，以适应高密度城市化地区发展的特殊需求，探索出一套集"空间定位、评估定量、政策定向"于一体的精准施策技术体系。

综上所述，本书研究内容是在扩展人地系统地域理论应用、顺应城市复杂系统分析技术发展趋势、满足城市空间治理能力提升需求等背景下开展的，以高密度城市社会-生态网络为研究主题，基于量化分析手段，以实现空间结构优化为目标，将深圳作为案例，以期为其他城市实现可持续发展提供参考。

1.2　研究目标

本研究应用城市地理学、系统生态学、网络科学等学科知识，利用地理信息、复杂网络及大数据等方法，尝试将人类密集活动空间与城市生态维育空间视为整体，对复杂的空间结构要素进行抽象和简化，构建一套以定量分析方法为主的"模型构建—特征分析—整合优化"研究框架，基于多视角特征分析和"连通性、均衡性"等问题的诊断，旨在构建多层级、相互连接、结构稳定的社会-生态网络，以保障城市系统高质量运行。

高密度城市人地关系地域系统涵盖了空间、社会、环境、制度和生态的多链条复杂问题。目前，我国进入以生态文明理念为支撑的高质量发展的历史阶段，但自然生态系统服务能力下降问题仍然存在，社会经济系统的稳定性也有待增强，对城市复杂系统的治理能力仍显滞后。本研究运用定量分析手段，在抽象网络结构研究与实际社会生态问题之间构建互通的桥梁，具有一定的现实意义。一方面，多个维度和视角下的量化分析，能够诊断城市社会生态系统在要素流动和空间层面上存在的结构性问题，基于此实施"问题导向+治理导向"的空间集成和政策整合，为政府规划管理决策提供依据和数据基础；另一方面，以深圳高密度城市为案例，通过理论研究和技术实证分析，旨在推动深圳社会与生态空间的适应性优化，并为其他城市在社会生态要素优化配置技术方法与实施策略等方面提供有益借鉴。

1.3　本书内容

综上所述，本书重点回答社会-生态网络"是什么—怎么样—怎么做"的问题，尝试对高密度城市社会生态系统开展空间量化分析研究(图1.3)。

"是什么"，即解析高密度城市特征及其影响下的社会-生态网络概念模型，明晰相关概念内涵与彼此关系，梳理网络中的异质点边类型，旨在明确对城市社会生态构成要素的基本认识，这是开展量化分析和优化研究的前提和基础。

"怎么样"，即借助网络分析方法，从网络节点重要性、网络社团结构两个层面，把握城市社会生态系统要素之间的耦合关系和交互作用，识别结构性失衡与功能性问题。

"怎么做"，即探索城市社会-生态网络优化的逻辑思路与技术方法，以提升连通

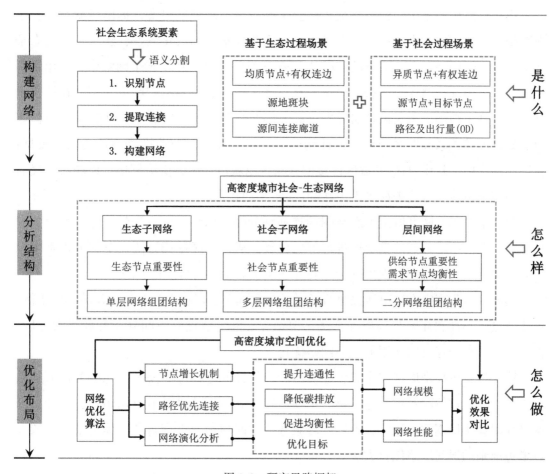

图 1.3　研究思路框架

性、降低碳排放和促进均衡性为目标，助力城市提供优化资源要素配置，以实现高质量发展，提升城市国土空间治理能力，这也是全书的落脚点和实用性价值所在。

基于上述研究思路，本书共设置 8 章的内容。

第 1 章通过对人地复合系统、复杂系统分析、城市空间治理等研究现状和发展态势的梳理，提出社会生态系统研究的理论依据与整体框架，阐述社会-生态网络建模的研究意义，并归纳了本书的主要内容。

第 2 章首先对高密度城市进行了概念界定与基本特征阐述，介绍了实证研究区域深圳的基本情况，剖析高密度城市的社会经济发展与生态环境的动态属性与空间特征。

第 3 章系统阐述社会生态系统、系统生态学、网络与复杂科学等理论，结合国内外社会-生态网络典型研究案例，挖掘网络方法在分析多元社会生态系统互动中的应用。

第 4 章从生态系统、社会系统和社会生态系统不同维度出发，提出了城市社会生态系统的网络构成要素体系，以点和边作为系统要素的抽象化表达，建立包含生态子网络、社会子网络及层间网络的多层社会-生态网络模型。在生态子网络中，采用识别源地及其最短连接路径等方法，构建具有自然生态学意义的生态网络模型；在社会子网络中，基于活动流视角识别居民出行服务的起点与终点空间载体，并运用手机信令数据确定连接关系和路径流量，据此构建表征社会经济活动碳排放的社会网络模型；在层间网络中，从供给区-受益区连接的视角，以城市公园为供给斑块，以城市居民居住区为需求斑块，构建表征供需关联的层间二分网络。

第 5 章聚焦高密度城市生态空间的连通性问题，以综合度、介数、邻近度等关键指标对生态网络中节点的重要性进行评估分级，通过社区挖掘算法在空间上识别生态空间的局部集聚性特征，提出基于强弱并济准则的生态网络优化方法。

第 6 章聚焦高密度城市居民出行活动的减碳问题，以节点为对象构建碳排放指标，基于节点中心性和社团结构挖掘算法，识别社会网络节点的空间异质性和潜力分区，提出基于节点交互反馈作用的社会网络优化方法。

第 7 章聚焦高密度城市生态服务供给的均衡性问题，针对公园游憩服务供需关系差异，以度、首位联系数量与首位联系强度等计算与评估供需节点均衡性，设计二分网络社团算法挖掘重叠社区，识别供需服务的空间集聚与失衡特征，提出基于局域增点增边准则的层间网络优化方法。

第 8 章对社会-生态网络建模理论及其优化方法进行总结，系统回顾了本书的主要实证发现，并对城市社会-生态网络研究面临挑战、研究方向等进行展望。

第 2 章　高密度城市概况与特征

2.1　全球高密度城市特征

城市的出现改变了传统的人类聚居模式，近代以来，社会城市化进程的持续推进又加速了人口向城市的集中，并逐渐产生出大城市、特大城市、超级大城市、大城市群等高密度、高强度的人口集聚区。早期高密度城市研究集中于对密度测量的探索（Berghauser et al.，2004）。Eugène（1968）提出"未来城市会以何种形式扩张，任何一个大城市中都将留存一个高强度行为的城市中心"的理念。美国纽约曼哈顿具有典型的高密度建成环境，该城市管理部门一方面通过河流限制城市横向扩张，另一方面鼓励建筑向空中寻求空间，以满足未来办公的巨大需求。1922 年，勒·柯布西耶提出集中主义城市，他认为解决工业时代城市问题的途径是提高城市密度，主张采用高层建筑在有限的土地上创造尽可能多的空间，采用底层架空形式创造城市的公共空间（Gans et al.，2006）。20 世纪 50 年代，受到郊区化带来的城市中心区衰败影响，许多城市提出城市中心区复兴计划，重塑和发展城市中心区多样性，这恰好需要高密度的建成环境。简·雅各布斯认为高密度是塑造城市多样性的必要手段（Jacobs，1962）。国内学者基于人口高密度化的视角，分析城市化过程中高密度城市面临的建设问题。费孝通先生于 1985 年提出的"小城镇，大战略"理论，是中国城市化理论的本土化里程碑，这一观点基于其对苏南等地的田野调查，系统阐释了小城镇在城乡融合中的枢纽作用；伍江教授（2010）系统论证了中国城镇化需要选择高密度发展模式的核心观点，并将其定位为国家战略层面的必然选择，这一论断基于中国城镇化面临的特殊国情和现实挑战。

高密度城市概念源于"紧凑城市（Compact City）"学说，国内外学者对其定义并未统一，衡量标准也呈现多样化。20 世纪 70 年代美国城市蔓延与郊区化愈演愈烈，激发了紧凑发展的城市规划思想，这一思想在欧洲国家、日本、澳大利亚的众多城市引起热烈反响。英国学者 Burton Elizabeth(2000)从密度、功能混合、强化三个方面构建14 个量化指标，通过对英国不同规模的城市进行测度后发现，对于中等规模城市，较高的城市密度可能对社会公平的某些方面具有积极影响，而对其他方面不利。万汉斌(2013)认为高密度包含高建筑容积率或高层建筑密集、高建筑覆盖率、低开放空间率、高人口密度四大特征，梳理了城市高密度地区的空间开发属性、空间类型、密度特征，认为高密度开发地区的地下空间系统性开发的需求最强烈。整体而言，城市密度常用城市化水平、人口密度、建筑密度、容积率等来体现，这些被视为评价高密度发展的关键指标。以北京东城区旧城人口密集地区开展调研后，发现城市中心区、旧城核心区及轨道(TOD 模式)周边高密度开发地区的地下空间系统性开发的需求最强烈，由此提出了引导这些地区地上地下空间一体化开发的策略。

通过开展全球高密度城市分布及成因机制的研究，能够为高度城市化的城市发展模式探索提供理论和实践基础。李敏和叶昌东(2015)按照人口密度大于 15000 人/km² 的标准统计，发现全球高密度城市共有 76 个，主要分布于亚洲地区；其中人口密度超过 25000 人/km² 的超高密度城市共有 10 个。国外典型的高密度城市有新加坡市、纽约等，国内典型的高密度城市有香港、澳门、深圳等（表 2.1）。高密度城市主要分为三种类型：第一种类型为土地面积狭小但人口高度集聚的城市，如香港、澳门等；第二种类型为区域性中心城市，如国家首都等；第三种类型为重要的港口或者商贸枢纽城市。

表 2.1　高密度城市的世界分布

国家	数量	典型城市	国家	数量	典型城市	国家	数量	典型城市
印度	31	孟买、坎纳尔	也门	3	亚丁	科特迪瓦	1	亚穆苏克罗
中国	9	香港、澳门	刚果(金)	2	金沙萨	马尔代夫	1	马累
哥伦比亚	5	麦德林、卡利	摩洛哥	2	丹吉尔、非斯	尼泊尔	1	博克拉
孟加拉国	4	博格拉、达卡	安哥拉	1	万博	尼日利亚	1	卡诺
埃及	4	坦塔、开罗	吉布提市	1	吉布提市	巴勒斯坦	1	加沙
巴基斯坦	4	卡拉奇	印度尼西亚	1	雅加达	索马里	1	摩加迪沙
朝鲜	3	南浦						

注：根据李敏和叶昌东(2015)整理。

2.2 我国高密度城市特征

随着城市化快速发展，我国 2023 年人口城镇化率已达 66.16%，城镇人口规模不断扩大。根据 2022 年发布的《世界城市》(*Demographia World Urban Areas*)报告，全球共有 44 个特大城市(人口至少达到 1000 万的城市)，其中中国有 11 个，如上海、北京等。这些城市由于受持续的人口集聚效应影响和空间资源的限制，人口密度不断上升。这些高密度城市的出现，反映了中国在快速城市化背景下人口快速集聚与土地资源有限之间的矛盾，同时也预示着城市发展将面临资源利用优化、空间结构调整等多重挑战。

根据《中国城市建设统计年鉴》及中国各城市统计年鉴等资料，本章收集中国各市的常住人口、行政区面积等数据并进行计算，共统计了中国 370 个城市的人口密度数据。在统计学中一般把 5% 的分布点作为具有统计学意义的边界点。因此，可将城市数量百分比≤5% 的分布点作为高密度城市人口密度的门槛标准，近似取值为 1331 人/km²。

按高密度城市门槛的标准进行统计，2022 年中国高密度城市共有 18 个(表 2.2 列出前 14 个)，其中人口密度最高的城市有澳门、深圳、香港、上海等。这些高密度城市在空间分布上具有明显特征：①高密度城市整体上集中分布于东南沿海地区，呈现东南多西北少的特征。②高密度城市趋向于在三角洲区域集聚，如珠江三角洲地区最密集，共有 7 座高密度城市。这些城市的形成和发展也与多种因素密切相关。根据不同的成因，可以将这些城市大致分为三种类型：一是土地资源紧张型城市，由于土地资源有限，形成人多地少的格局，如香港、澳门等；二是经济特区型城市，这类城市的地理位置优越且经济发展迅速而吸引大量人口涌入，如深圳、珠海等；三是区域性中心城市，即一定范围内具有较高行政级别、承担着辐射带动作用的城市，如成都、武汉等。

表 2.2 2022 年我国高密度城市统计

城市	常住人口(万人)	行政区面积(km²)	人口密度(人/km²)
澳门	67.7	33.30	20330
深圳	1766.18	1997.47	8842

城市	常住人口(万人)	行政区面积(km^2)	人口密度(人/km^2)
香港	734.6	1113.76	6596
东莞	1043.7	2460.08	4243
上海	2475.89	6340.5	3905
厦门	530.8	1699.01	3124
广州	1873.41	7434.40	2520
佛山	955.23	3797.72	2515
汕头	554.19	2219.04	2497
中山	443.11	1783.85	2484
郑州	1283	7567.22	1695
无锡	749.08	4627.47	1619
武汉	1373.9	8569.15	1603
苏州	1291.06	8657.32	1491

高密度城市在空间结构上各具特色。上海市 2022 年平均人口密度为 3905 人/km^2，但其核心城区如黄浦区、静安区等的人口密度超过 17000 人/km^2，城市发展以单中心圈层式扩展为主，核心区以超高层建筑密集和人口高度集中为特征。上海为缓解中心区建筑密度过大的压力，通过"双增双减"政策优化用地结构，增加现代服务业用地和绿地比例，并利用快速交通网络疏散人口至郊区，推进居住和配套设施的郊区化。相比之下，香港人口密度仅次于澳门、深圳，因其建成区仅占陆地面积的 22%，城市建设以竖向发展为主，核心区内容积率达 6.0~10.0，建筑高耸且排布紧密。香港采用了高度混合的土地利用模式进行立体化的集约发展，并通过公共交通网络来实现城市的多中心发展，使中环、湾仔等核心区域均承担重要的城市功能。

北京市的城市空间结构以放射状多环路布局为特征，东城区和西城区人口密度已超过 15000 人/km^2，承载压力较大。近年来，北京逐步向多中心格局转型，如通过构建通州副中心来分担部分行政与商业功能，同时加强轨道交通网络建设，促进中心城区与外围地区的连接。在生态保护方面，北京通过划定保护红线和增加绿地空间，来缓解高密度发展带来的环境压力。相比之下，广州市的城市空间结构以多中心组团式发展为特色，核心城区如越秀区和荔湾区的人口密度高达 20000 人/km²。通过构建天河、番禺等多个副中心，广州市实现了城市功能的分散布局，同时以珠江水道和城市绿化廊道为生态网络核心，有效地缓解了高密度城市的环境压力。

2.3　深圳高密度城市特征

在全球城市化发展加速的进程中，中国高密度城市呈现了明显增多的趋势。作为中国改革开放的窗口和经济特区，深圳市依托得天独厚的区位条件、特殊的政策优势和完善的产业集群体系，迅速从一个海边小渔村发展为具有全球影响力的现代化都市。受有限的土地资源影响，深圳市建设与发展表现出了高城镇化率、高人口密度、高建成环境和高建筑覆盖率等特征，形成了独具特色的城市发展模式，这种独特性使深圳成为中国高密度城市的典型样本。以下围绕城市化、人口集聚、地表建成、建筑覆盖四个方面，以深圳市为典型案例剖析高密度城市特征。

近 40 年来，深圳人口从最初的约 30 万人激增至 1700 万人，实现了近 60 倍的增长，年均增长率达到 10.3%，远超同期全国人口年均 0.9% 的增长率。同时，深圳的城市建成区面积扩大超过 150 倍，而其经济规模增长了约 1.4 万倍，由一个小渔村迅速转变成一个拥有庞大人口和高度发达经济的国际大都市。根据中国城市规划设计研究院发布的《2023 年中国主要城市建成环境密度报告》，深圳建成区的建设强度、居住人口密度和就业人口密度均为中国 18 座超大特大城市中最高的，其核心建成片区的三项指标排序分别为第 4 位、第 2 位和第 2 位。在深圳建成区范围内，居住人口密度极高，而就业人口更多地分布于南部的南山、福田和中央的龙华。深圳建成区人均建筑面积仅 47.05m²，略高于广州，明显低于 18 座超大特大城市的平均值。在分区尺度方面，深圳市建成区建设强度的峰值集中分布于南山、福田、罗湖三个中心区，呈现高密度集中的簇群分布。

2.3.1　高度城市化

作为全国改革开放后建立的第一个经济特区，深圳市用了比"自然演进"短得多的时间，以大规模、高密度的城镇人口迁移和集聚方式，创造了举世瞩目的"深圳速度"，同时也在全国率先实现了全面城市化。2000 年以来，深圳市一直保持较高的城镇化率，深圳市常住人口以城镇人口为主导，城镇人口占常住人口的比例长期保持近

100%。深圳在城市化发展过程中，通过两个阶段实现市域土地城市化。两个阶段的标志性事件分别为 1992 年的土地统征、2004 年的特区外城市化转地。

（1）第一阶段：该阶段始于 1992 年的土地统征。深圳市的城市化进程始于 1992 年的土地统征，这一阶段奠定了深圳市域土地城市化的基础。在这一过程中，深圳市对原特区内的农村集体土地进行了统一征用。这种统征方式不仅简化了土地管理，还为城市建设提供了广阔的用地空间。在土地征用的同时，政府采取了相对灵活的补偿机制，将部分土地返还给原农村集体，并允许这些土地用于兴建经营性的商业和服务建筑。这种方式让原农村集体得以在城市化过程中获益，为他们提供了与城市经济融合的机会。此外，政府明确规定保留原村民的宅基地权益，使村民能够在城市化过程中享受经济收益的同时保有一定的生活保障。这一阶段实行的土地统征和补偿机制，确保了城市化进程平稳推进，减少了社会矛盾，为深圳市后续的高速发展奠定了坚实基础。

（2）第二阶段：该阶段始于 2004 年的特区外城市化转地。该阶段的土地城市化集中在特区外区域，即在当时关外的宝安区和龙岗区进行全面城市化转地。2003 年，深圳市政府发布了《深圳市人民政府关于加快宝安、龙岗两区城市化进程的通告》（深府〔2003〕192 号），提出要在宝安和龙岗两区全面推进城市化工作。这一文件的颁布标志着深圳市城市化进程加速。2004 年，宝安和龙岗两区实施土地国有化的全面转地工作，使两区的 27 万农村居民转为城市户口。此举不仅完成了户籍制度的变革，也彻底改变了原有的土地管理模式，使深圳成为全国第一个无农村、无农民、城镇化率近100%的城市。这标志着城市进入了新的发展阶段，也为高密度城市的发展提供了强有力的支撑。通过这一独特的城市化路径，深圳彻底完成了由农村向城市的转型，形成了全市域范围内统一的城市管理模式。

随着城市化的全面完成，深圳市的产业结构发生了深刻的变革。20 世纪 90 年代，深圳经济年均增长 20.0%，进入经济腾飞时代。城市化和工业化发展推动了深圳市产业结构转型，农业在总体经济中比重下降，工业快速发展，服务业稳步提升，三次产业结构由 1979 年的 37.0：20.5：42.5 调整为 2023 年的 0.1：37.6：62.3。城市化的快速推进还导致人口的高度聚集，为深圳发展提供了丰富的人力资源。大量农村居民转为城市户口，不仅解决了农村人口与城市人口的户籍差异，也加速了人口流动性和资源配置效率的提升，为深圳市的第二、第三产业带来了充足的劳动力资源。与此同时，高度城市化进程也为深圳带来了诸多挑战，意味着消耗更多的建设用地面积、排放更多的二氧化碳，带来了河流水体污染等问题。例如，2015 年深圳黑臭水体数量居全国 36 个重点城市前列，茅洲河曾是广东省污染严重的河流之一。

2.3.2　高度人口聚集

纵观 40 多年的发展历程，深圳市是国内人口规模增长最大、增速最快的城市（表 2.3）。1979 年至 2022 年期间，深圳常住人口从 31.41 万人增加到 1766.18 万人，户籍人口从 31.26 万人增加到 583.47 万人。以 1979 年为基准（100），2022 年的常住人口指数达到 5598.7，2022 年的户籍人口指数达到 1840.5（表 2.3）。城市的发展会推动人口不断集聚，深圳市的人口集聚经历了多个历程（图 2.1）。

表 2.3　深圳人口数量和人口指数统计

年份	人口数量（万人）		人口指数（以 1979 年为 100）	
	常住人口	其中户籍人口	常住人口	其中户籍人口
1979	31.41	31.26	100.0	100.0
1980	33.29	32.09	106.0	800.0
1985	88.15	47.86	280.6	153.1
1990	167.78	68.65	534.2	219.6
1995	449.15	99.16	1430.0	317.2
2000	701.24	124.92	2232.5	399.6
2003	778.27	150.93	2477.8	482.8
2005	827.75	181.93	2635.3	582.0
2008	954.28	228.07	3036.1	729.7
2010	1037.20	251.03	3299.7	803.7
2013	1257.17	310.47	4000.0	994.7
2015	1408.05	354.99	4477.1	1137.7
2018	1666.12	454.70	5277.0	1434.4
2020	1763.38	514.10	5587.5	1621.5
2021	1768.16	556.39	5604.3	1754.5
2022	1766.18	583.47	5598.7	1840.5

注：根据 2023 年深圳市统计年鉴整理。

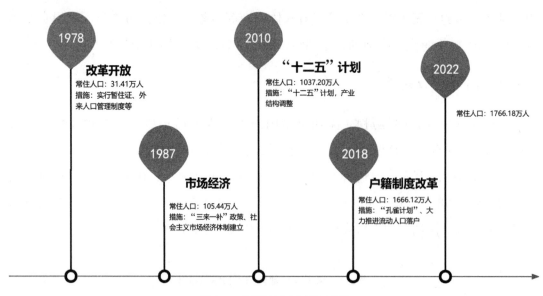

图 2.1　深圳市人口变化历程

在改革开放初期，深圳市凭借敢为人先的精神，率先探索并实施了一系列具有前瞻性的政策，如暂住证制度和外来人口管理服务等，这些政策在相当大的程度上破除了人口流入的制度障碍。1987 年，深圳市的常住人口突破了 100 万人。随着"三来一补"政策的实施，外资企业纷纷在深圳建立生产基地，这进一步增强了深圳对外来人口的吸引力。到 2000 年，深圳的常住人口增长至 701.24 万人，年均增长近 50 万人。进入 21 世纪以来，深圳的常住人口继续保持快速增长的态势。2010 年，深圳的常住人口达到 1037.2 万人，首次突破了千万大关。在 2010 年至 2020 年的十年间，深圳的常住人口增长了 726.18 万人，成为全国增长人数最多的城市。这一时期，深圳的经济发展迅速，产业结构不断优化，特别是高新技术产业和金融服务业的快速发展，为人口的增长提供了强大的动力。然而，2022 年深圳市的常住人口出现略有减少的情况，这可能受多种因素的综合影响。首先，疫情对流动人口产生了显著影响，部分行业用工需求下降，导致一些外省务工人员回流家乡。其次，深圳从 2021 年开始收紧了落户政策，提高了人才引进的门槛，这也对人口增长产生了一定的抑制作用。此外，生活成本的上升也是一个不可忽视的因素，高昂的房价和生活费用使得部分人口流向其他城市。

尽管 2022 年深圳市的常住人口有所减少，但减少幅度很小，可能并不具有长期趋势性。2023 年末，深圳市的常住人口达到 1779.01 万人，创历史新高，比 2022 年末增加了 12.83 万人，同比增长 0.73%，增量比北京、上海、广州高。这表明深圳作为中国的一线城市，经济韧性和城市吸引力依然强劲，保持着强大的发展潜力。深圳在创新发展、经济增长、民生改善等多个维度上的优异表现,使其在全国高质量发展城市排名中位居前列。特别是深圳的人口潜力,以 87.2 分大幅度领先北京、上海、广州,近 10 年常住人口年均复合增长率居全国第一,为城市的创新发展提供了强劲动力。

根据 2023 年深圳市统计年鉴和第七次人口普查数据,2022 年福田区人口密度为 1.92 万/km²,龙华区人口密度为 1.42 万/km²,罗湖区人口密度为 1.29 万/km²,人口密度排名居前列(图 2.2)。以街道为统计单元,人口密度较大的区域主要分布于深圳市西部。人口密度大于 25000 人/km² 的街道共有 17 个,其中在福田区和罗湖区的交界地带形成了集聚分布的空间特征,其他人口密度大于 25000 人/km² 的街道则呈点状分布于各行政区域,这些点状分布的街道均存在共同特征:街道的面积较小,但集聚了较多的人口,在行政区域内形成了人口密度较高的点状值。

图 2.2　深圳市分区人口密度统计

深圳市高度人口集聚给城市的公园绿地服务供给带来了较大的压力。公园绿地 500m 范围居住用地覆盖率为"宜居城市评选""城市园林绿化评价标准"等重要评价指标之一。尽管市域范围内 500m 居住用地覆盖率从 2014 年的 60% 增长至 78%,但是不同地区的公园绿地服务供给存在差异(表 2.4)。2014 年,龙华、坪山、大鹏、光明的 500m 居住用地覆盖率较低,反映了这些地区在公园绿地等公共服务设施建设上相对滞后,虽然到 2022 年覆盖率有显著增长,但与中心城区相比仍有一定的差距。2022 年,坪山、宝安覆盖率相对较差,500m 居住用地覆盖率只有 65% 和 67%。盐田、光明、福田和罗湖整体居住用地覆盖度较好，达到了95%或以上，意味着几乎所有的居民都在500m范围内有居住用地。

表2.4 深圳市公园绿地服务覆盖率对比

行政区	500m居住用地覆盖率	
	2014年	2022年
南山区	70%	87%
福田区	81%	96%
罗湖区	94%	95%
宝安区	67%	67%
龙华区	42%	72%
龙岗区	48%	74%
坪山区	42%	65%
盐田区	79%	98%
光明区	59%	98%
大鹏新区	43%	80%
全　市	60%	78%

注：根据深圳市公园建设发展规划材料整理。

2.3.3 地表高度建成

深圳陆域土地面积仅是同为一线城市北京的1/8，是上海或广州的1/3，由于土地资源有限，深圳必须采取更紧凑和高效的城市发展模式。这意味着需要更注重垂直发展（如建设高层建筑）、土地混合使用及提高土地使用的效率来满足居住、工业、商业和服务等多方面的需求。

根据第三次全国国土调查结果，深圳市建设用地面积为1032.26km^2，其中，城镇村及工矿用地面积为924.16km^2，交通运输用地为98.10km^2，水工建筑用地面积为10.00km^2。深圳城市土地开发强度约为51%，建设用地已经占据一半的市域面积（图2.3），即深圳市每2m^{2}的土地就有1m^{2}被钢筋水泥覆盖。高土地开发强度意味着深圳市未来发展受到土地资源供给限制，根据《深圳市国土空间总体规划（2020—2035年)》，深圳市2035年常住人口规模将限定在1900万人（实际管理服务人口规模为2300万人），同时建设用地规模亦限定在1105km^2，这表示可用于支撑深圳未来发展的土地资源约为 100km²，深圳市未来土地资源可能采取"挤牙膏"的供给模式。如何解决在土地资源紧缩供给情境下支撑城市高质量发展是深圳面临的一个重要命题。

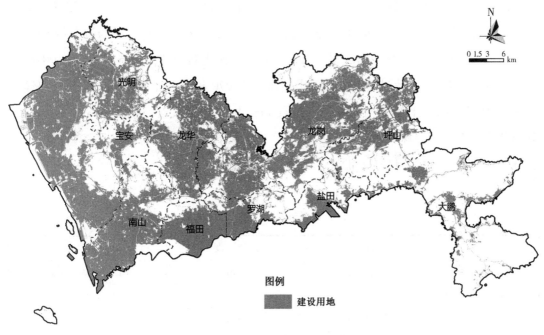

图 2.3　深圳市建设用地分布

深圳现状建成面积占比高，在一定程度上说明深圳城市建设水平和城市化水平高、土地开发强度大，但这项数据并非越高越好。一个地区的土地开发强度达到 30%已经是警戒线，超过该强度，人的生存环境就会受到影响。过度的城市开发建设可能带来的问题包括绿地减少、生物多样性丧失、空气质量下降、水资源污染和短缺等，与此同时交通拥堵、就业竞争加剧、公共服务资源(如教育、医疗)不足等问题可能会更加突出。与此同时，大量的建设用地占据了城市的生态空间，导致深圳市生态空间破碎化、连通性较差。

2.3.4　高建筑覆盖率

高密度城市不仅表现为地表二维层面的高度建成，也涵盖了对三维空间的使用。《民用建筑设计统一标准》(GB 50352—2019)、《高层建筑混凝土结构技术规程》(JGJ 3—2010)关于建筑类型的划分，层数超过 10 层时称为高层建筑，层数超过 33 层(即建筑高度超过 100m)时称为超高层建筑。深圳市在发展初期就自带了"超高层"的基因。近 40 年的发展过程中，城市建设不可避免地选择了增高层数的方式来提高土地利用效率。超高层建筑不仅是结构工程上的成就，也是城市发展的标志性象征，并且常常成为城市的天际线特征。早在20世纪80年代，深圳已出现了如国贸大厦等超高层建筑。位于罗湖区的国贸大厦共有53层，总高度160m，创造了"三天一层"的建造速度，标志着深圳作为改革开放前沿地带的起步与发展，展现了城市发展的活力和形象。

根据深圳市建筑普查数据成果，目前深圳全市建有各类建筑约57万栋，其中超高层建筑约有1500栋，超过200m的高层建筑约有270栋，其中300m及以上的超高层建筑有21栋，数量上位居全国第一。按照50m为一个梯队，深圳市300m超高层建筑分布如表2.5所示。深圳市的超高层建筑分布呈现出明显的梯队结构，尤其在福田区、罗湖区和南山区等核心区域，汇聚了大量高层及超高层建筑。

表 2.5　深圳市超高层建筑梯队分布

	建筑名称	建筑高度	所属区域
第一梯队 （≥400m）	平安金融中心	599m	福田区-福田街道
	京基	442m	罗湖区-桂园街道
第二梯队 （350~399m）	中国华润大厦	393m	南山区-粤海街道
	城脉中心	388.3m	罗湖区-笋岗街道
	深业上城 T1	388.1m	福田区-华富街道
	地王大厦	384m	罗湖区-桂园街道
第二梯队 （350~399m）	大百汇广场	376m	福田区-福田街道
	深湾汇云中心	359.2m	南山区-沙河街道
	汉京金融中心	358.9m	南山区-粤海街道
	星河双子塔	356m	龙岗区-坂田街道
第三梯队 （300~349m）	深圳湾一号	341m	南山区-粤海街道
	城建云启	333m	罗湖区-桂园街道
	汉国城商中心	329m	福田区-福田街道
	宝能中心	327m	罗湖区-笋岗街道
	深湾创科中心	311m	南山区-粤海街道
	东海国际中心	306m	福田区-香蜜街道
	长富金茂大厦	304m	福田区-福保街道
	粤海城	303m	罗湖区-东晓街道
	中洲控股中心	301m	南山区-粤海街道
	华侨城总部大厦	300m	南山区-沙河街道

图 2.4 显示了深圳市建筑高度空间分布状况。建筑密集区主要分布在城市中南部地区，以福田区、罗湖区、南山区为主。此外，龙华中南部、宝安南部和龙岗局部地区的高层建筑物也较多，高强度建设基本集中成片。盐田区、坪山区、大鹏新区的建筑分布较少且高层建筑零星分布。盐田区、大鹏新区的生态资源禀赋优越，土地资源以山地、林地为主，较少的建设面积使得建筑覆盖密度较小，而且两个行政区存在众多自然风景名胜景点，因此为了保护当地自然风貌，盐田区、大鹏新区的建筑物分布较少。坪山区的产业以劳动密集型产业为主，建筑物大多为低矮的厂房，建筑大多为6 层以下，大于 6 层的建筑仅呈点状分布。

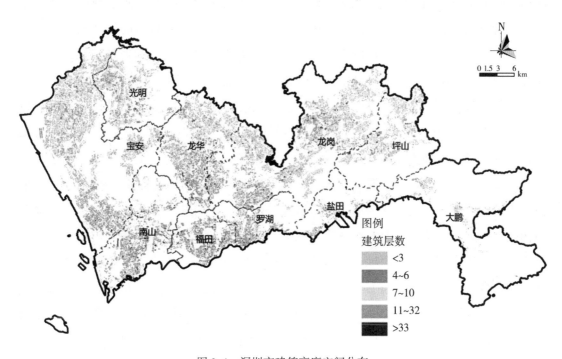

图 2.4　深圳市建筑高度空间分布

2.4　本章小结

随着城市化进程的加深，高密度化将成为未来城市的主要特征之一。本章在阐述高密度城市概念和国内外研究趋势的同时，探究全球—中国—深圳三个维度的高密度城市特征，从全球、区域的高密度城市空间分布及单个城市的角度解构高密度机理。在全球尺度方面，解释了高密度城市概念起源及发展历程，比较了国内外视角下的高密度城市发展状况。以 15000 人/km² 为高密度城市门槛，2015 年，全球高密度城市主要分布于亚洲，其中印度的数量最多。这些高密度城市多分布于土地资源有限但人口高度集聚的区域性中心城市或者核心枢纽地带。这些城市既是未来城市化进程的关键载体，也面临多方面的挑战和发展机遇。

中国的城市化进程在全球范围内是独一无二的，从 20 世纪 80 年代的改革开放至今，数亿人口从农村流入城市，导致了城市空间的高度密集化，在空间有限的情况下，往往呈现出明显的人类活动与自然生态系统之间的相互作用和冲突。本章基于《中国城市建设统计年鉴》和各地统计年鉴的数据分析，对中国 370 个城市的人口密度进行了计算，确定了前 5% 作为高密度城市的分界点。结果显示，中国高密度城市主要集中于东部沿海地带，仅有 3 座高密度城市坐落于中部地区。这些城市的特征与全球模式相吻合，即它们大多是区域性中心，具有较高的人口密度和较小的地理面积。以上海和香港为例，这两个城市面对高密度化带来的诸多挑战，展现了不同的应对策略。

改革开放 40 多年以来的高速发展，使深圳成为一座中国乃至亚洲典型的高密度城市。通过 1992 年和 2004 年的土地统征和统转的工作，深圳成为中国首个实现 100% 城镇化率的城市。深圳市以高度发达的经济及人才政策，吸引了大量外来人口集聚于此，成为高度人口聚集的城市。深圳市人口密度呈现明显的空间梯度特征，从福田、罗湖、南山等原关内核心区向龙华等原关外地区递减，其中，福田-罗湖城市中心区与龙华新城构成主要人口集聚极。面对快速增长的人口及有限的土地资源，深圳市从二维土地利用转向三维空间拓展。深圳市土地开发强度已超过 50%，未来土地供给面临极大紧缺。同时三维空间的拓展促使高建筑覆盖率及超高层建筑产生，2024 年深圳市超过 300m 的超高层建筑已有 21 栋，位列全国第一。众多的超高层建筑群展现了深圳市飞速发展的活力、构成了城市形象，同时也潜移默化地改变了城市的自然环境格局。在此背景下，平衡深圳城市生态空间和社会空间的发展至关重要。作为高密度城市，深圳在持续发展过程中仍面临生态供需平衡维护及城市可持续发展的双重挑战。

第3章 理论基础与案例研究

3.1 社会-生态网络基础理论

3.1.1 社会生态系统理论

随着地球进入"人类世",自然界的演变过程日益受到人类活动的显著影响与调控,人类与自然环境之间的关系变得更加错综复杂。在此背景下,城市地域内自然-生态要素,通过一系列复杂而动态的机制相互交织、彼此作用,形成了一个高度互联且相互依存的复杂系统,即社会生态系统(Social Ecological System,SES)。

社会生态系统是由社会子系统(包括政治、经济、文化等)和生态子系统(包括生物资源、气候环境等)及它们之间的交互作用共同构成的复杂适应系统,具有独特的结构、功能及复杂性特征,这些独特的性质是单一的社会系统或生态系统所不具备的。其不仅展现了自然系统与社会系统间相互依存与互动的关系,还表现出复杂性、非线性、不可预测性、多层嵌套和循环等特性(Preiser et al.,2014,Gunderson et al.,2010;Turner et al.,2003)。

从复杂系统研究的角度来看,社会生态系统已成为当今快速发展的一个跨学科研究领域。研究社会生态系统,对于理解人类社会面临的环境问题及其反馈机制具有重要意义。社会生态系统并非简单地将社会经济体系嵌套于自然环境或将自然环境纳入人类社会框架,而是强调人类社会与自然环境之间动态互馈、协同演化的复杂关系,主张将两者视为一个不可分割的整体(Glaser,Diele,2004)。这一概念揭示了一个由生物与社会因素相互作用所形成的耦合系统,在不同空间、时间及组织规模上实现连通与互动,其中关键资源的流动和使用由生态系统与社会系统共同调节,展现出极高的复杂度和适应力(Cumming et al.,2005)。

社会生态系统的研究起源于国外,经过长期发展形成了多种理论框架。这些研究不仅深入探讨了人类社会与自然环境之间的互动机制，还提出以不同的视角和方法论来理解和解决两者之间复杂的相互作用问题。例如，美国佛罗里达大学 Cumming 教授等(2005)提出了一个探索性的恢复力测量框架，并构建了社会生态系统的示意图，明确指出社会生态系统是人类(社会系统)与自然(生态系统)紧密联系的复杂适应系统。该框架指出，社会生态系统不仅受到内部因素的影响，如社会制度、文化规范等，同时还受到外部因素的作用，如市场波动、政策变化等。这些内、外部因素作为干扰和驱动因素，促使社会生态系统不断调整自身结构与功能以适应新的环境条件。该框架描绘了社会与自然之间的深度互动，揭示了系统如何通过适应和学习来应对各种挑战，从而维持其功能和结构的稳定性和灵活性，为理解社会生态系统的动态特性及其恢复力建立了重要的理论基础(图 3.1)。

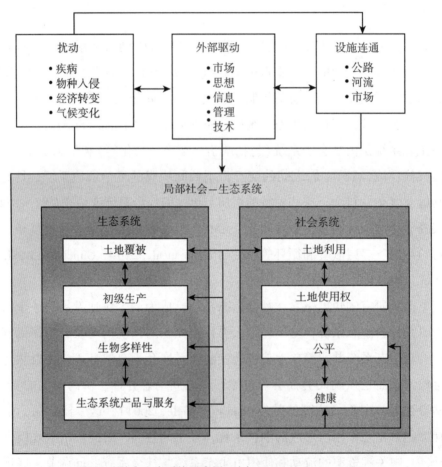

图 3.1　社会生态系统示意图(引自 Cumming et al., 2005)

俄罗斯爱达荷大学自然资源学院保护学家 Machlis 教授等(1997)提出了人类生态

系统模型，整合了生态结构与社会过程，将其定义为一个具备适应能力和可持续性的生物物理和社会因素综合系统。该模型强调三种关键资源的相互作用——自然资源（如能源、土地、水和生物多样性）、社会经济资源（如人口、劳动力、资本和信息）及文化资源（如信仰体系和组织结构）。这些资源在人类社会系统的调节下，通过相互作用维持着人类生态系统的运作和动态变化。

美国著名政治学家、公共行政和政策分析学家 Ostrom 及其团队基于公共资源治理理论和制度分析，提出了一个跨学科的社会生态系统分析框架，以帮助理解系统的复杂性，并通过有效管理来防止系统崩溃（Ostrom，2009）。该框架最初是为"制度分析与发展"研究而设计的，将社会生态系统分为四个主要子系统：资源单位（如粮食作物、牲畜）、资源系统（如森林、居住区）、治理系统（包括政府和非政府组织）及使用者（如企业、居民）。这些子系统内部具有多样性和动态性，并通过广泛的相互作用和反馈机制彼此联系，而它们之间的相互作用决定了整个系统的模式、功能和结果（图3.2）。这一框架提供了一个详细的变量列表，帮助识别和理解影响系统结果的各种因素，成为分析社会生态系统复杂交互的重要工具。

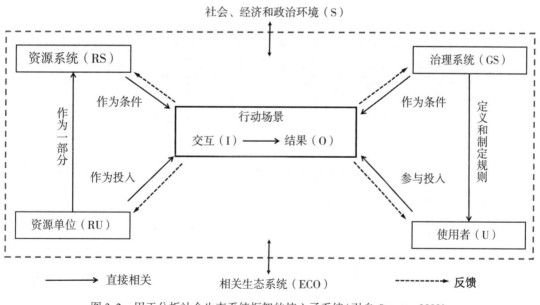

图 3.2　用于分析社会生态系统框架的核心子系统（引自 Ostrom，2009）

英国著名学者 Dennis 与 James（2018）在关于创新城市社会生态系统以适应自然资源管理的研究中提出了一个新的概念框架模型。该框架描述了城市社会生态系统中社会-生态条件、恢复力（韧性）和生态系统服务之间的循环反馈关系。自然资本是提供生态系统服务的基础，而人类福祉则受到社会资本和人力资本的影响，包括社会-生态学习与记忆、生物及文化多样性等因素。人类福祉是自然资本和社会资本共同作用的结果，二者的结合提升了生态系统服务的功能冗余和多样性，使得城市社会生态系统能够更好地应对变化和挑战，实现可持续发展(图3.3)。

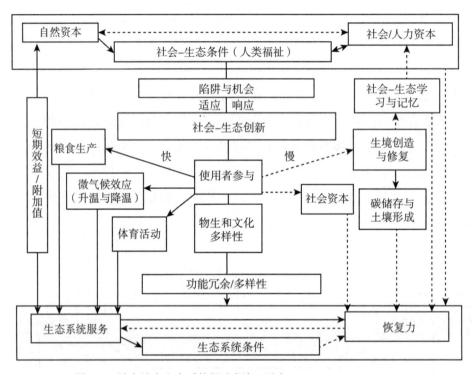

图 3.3　城市社会生态系统概念框架(引自 Dennis，James，2018)

我国学者提出了多种相关理论框架来强调人类社会经济系统与自然生态系统的整合，为反映社会与生态复杂交互作用关系在建立的社会生态系统模型方面也作出了一定的探索。1991 年，吴传钧院士提出了"人地关系地域系统"理论，强调在人类与自然环境之间存在深刻的互动。该理论将人地关系描述为地理环境与人类社会两个子系统的交织，形成了一个包含明确结构与功能、体现物质循环和能量转换的复杂开放体系。在这个体系中，人类活动与自然环境通过交互反馈机制不断推动系统的动态演变，形成一个持续演化并自我调节的整体。

马世骏和王如松院士(1984)提出"社会-经济-自然复合生态系统"理论，指出城市是以人类活动为主导，以自然环境为依托，以资源流动为命脉，并以社会体制作为经络的多子系统耦合而成的复杂生态体系。该理论强调了社会、经济和自然系统之间相互依赖与制约的关系。社会系统包括政策法令、科技教育、文化及管理,受人口动态、政策和社会结构的影响。经济系统涵盖从生产到消费的各个环节,涉及成本、价值和效益。自然系统则为人类提供了生物多样性、矿产等不可或缺的资源(图3.4)。社会系统、经济系统、自然系统三者相互依存,形成正向或负向的反馈机制。稳定的经济发展依赖可持续的自然资源供给,并需通过高效的社会组织和合理的政策支持来实现预期效益。反过来,经济繁荣不仅推动社会进步,还促进了自然环境的保护与改善。自然与人类社会互为因果、互补制约,任何违背自然规律的人类活动最终将受到限制。这种互动关系表明,和谐发展必须尊重并顺应自然规律。

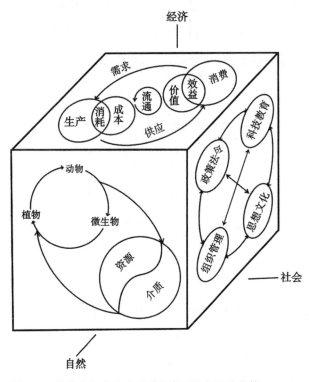

图3.4　马世骏复合生态系统框架(引自马世骏等,1984)

3.1.2　复杂网络理论

1. 图论

网络是一个包含大量个体及其相互作用的系统。如果将个体视为网络的节点,将个体间的相互作用视为节点之间的连接,那么任何复杂系统都可以抽象为图的形式。

节点是图最基本的、也是最重要的组成元素。根据所研究网络的不同，图中节点的含义也会有所差异。在社会网络中，节点可以是个体、组织甚至国家，它们之间通过社会关系相互连接；在生态网络中，节点可以是特定物种、栖息地斑块或生态系统功能，它们之间通过生物物理关系相互连接，比如，物种之间的捕食关系、共生关系或竞争关系，栖息地斑块之间的物种迁移路径，以及生态系统功能之间的相互作用等，都可以被视为节点之间的连接关系。

图论作为网络科学的核心数学工具，使用简洁的语言和符号，能够清晰地描述各种网络结构和关系，是网络科学研究的重要工具之一。通过图论可以将复杂的网络系统抽象为节点和边的组合，从而更容易地分析和理解系统的结构特征和动态行为。

图论是一种研究由节点(nodes)和边(edges)所组成图形的数学理论和方法，节点表示要素，边为节点之间的连接，表示要素之间存在的关系(图 3.5)。

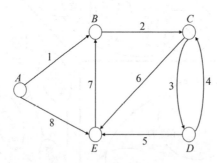

图 3.5　图的表示

通常采用二元组(U, V)来表达图。按照图中的边是否有向和是否有权，可以分为加权有向图、加权无向图、无权有向图和无权无向图。

从边的方向性来看，若边的点对有序则称为有向边，所形成的图称有向图(directed graph)。反之，若边的点对无序则称为无向边，所形成的图称为无向图(undirected graph)。

从边的权重来看，若图的边有一个权值(weight)，则称为赋权边，所形成的图称为赋权图(weighted graph)。用三元组(V, E, W)表示包含权重的图，其中W表示权集，它的元素与边集E一一对应。

此外，当$V(G') \subseteq V(G)$、$E(G') \subseteq E(G)$时，G'称为图G的一个子图。根据图的子图结构，可分为连通图和完全图。

(1)连通图(connected graph)：若从节点i到节点j有路径相连，则称i和j是连通的；如图 G 中任意两点 i 和 j 都是连通的，那么图 G 被称为连通图。

（2）完全图（complete graph）：完全图是指每一对不同节点间都有边相连的无向图，n 阶完全图常记作 K_n，n 个节点，有 $n×(n-1)/2$ 条边。所有完全图都是它本身的团（clique）。在图论的数学领域，完全图是一个简单的无向图，其中每对不同的节点之间都恰有一条边相连。完全图只要求任意一对节点间均有边连接，而连通图要求任意节点间连通即可。完全图一定属于连通图，而连通图不一定属于完全图。

几何图论（Geometric Graph Theory）作为图论的一个分支，结合几何学和图论的方法，研究图的几何性质和结构，主要关注图的顶点和边在几何空间中的嵌入和排列，以及这些几何特性对图的性质和行为的影响。通过这种方式，图的结构和性质可以与几何空间中的位置和距离等概念联系起来，为图论的研究与应用提供了更丰富的视角。现实世界中一些地理现象，包含地理实体及其之间的相互联系，可以通过一定的简化和抽象，描述为图论意义上的地理网络。例如，在城市规划中，交通网络的连通性分析依赖图论模型，而在生态网络中，斑块间的种群迁移路径则是典型的赋权无向图问题。

随着时间的推移，网络研究经历了长时间的发展和演变，从数学领域的图论逐渐扩展到科学领域的复杂网络理论。每个发展阶段都为我们认识和理解复杂的网络世界提供了重要的理论依据和方法。随着计算技术的快速发展，网络科学进入了新的发展阶段，研究者开始使用大规模数据集和高性能计算工具来分析复杂网络，如社交网络、生物网络、经济网络等，网络科学的应用领域不断扩展，从疾病传播、信息扩散到金融风险分析等。网络科学的发展深化了对复杂系统本质的理解，为解决实际问题提供了新的思路和方法。

2. 复杂网络

城市作为人类文明发展的重要产物，是典型的复合系统，其中包含社会生态的诸多子系统，这些子系统通过人流、物流、信息流及生态流相互交织，共同构成了一个高度复杂且动态变化的网络系统。在这个网络系统中，每一个节点（如个人、企业、公共设施等）都不是孤立存在的，而是通过各种形式的流动与其他节点紧密相连，形成了一种超越传统地域限制的新型社会结构。

复杂网络（complex network）作为一种描述和理解这种高度互联系统的框架，为研究复杂系统提供了一个重要的角度和方法。通过复杂网络的研究，人们能够对看似无序和模糊的世界进行精准量化和预测，揭示隐藏在其背后的规律和模式。

复杂网络的研究涉及多个学科，涵盖从数学、物理学到工程、生物科学，乃至经济学和社会科学等多个领域。近年来，随着大数据技术和计算能力的快速发展，复杂网络研究取得了显著进展，诸多高质量研究成果被发表在 *Science*、*Nature* 等国际顶尖学术期刊上，显示出这一领域的广泛影响力和重要性。

复杂网络理论研究首先从统计角度考察网络中节点及节点间连接的性质，通过定量刻画网络结构及其性质来研究网络上的动力学行为和过程。一般而言，复杂网络的研究逻辑可归纳为网络构建、网络分析和网络控制三方面内容。

(1)网络构建：通过建立合适的网络模型可以帮助人们理解这些统计性质意义与产生的机理。目前，复杂网络的研究大多是基于计算机图论的概念来描述网络的。节点被视为网络的基本功能单元，其状态不仅由自身的特征和属性决定，还受到与之相关联的其他节点的影响。例如，一个人在社交网络中的行为不仅受其个人特质的影响，还受其社交圈中其他人的影响。边则是节点之间的联系方式，表示两个节点通过某种行为方式进行连接，这种连接可以是有向的(如信息的单向传递)，也可以是无向的(如双向的友谊关系)。通过网络建模，人们能够更深入地分析和研究复杂系统中的各种动态过程和相互作用。

尽管现实中的复杂系统涉及多样化的实体类型和复杂的实体间关系，但这些系统均可采用复杂网络模型来表征。根据网络中节点的类型，复杂网络可以分为单分网络(仅含有一种类型的节点)和多分网络(含有两种及以上不同类型的节点)。多分网络与单分网络的最大不同之处在于它包含更多类型的节点，并且能够反映不同类型节点之间的关系。

(2)网络分析：通过定量方法，基于单个节点的特性和整个网络的结构性质进行分析和预测，常用的分析指标包括节点的度、特征向量中心性、模块度等。在复杂网络中，节点的度分布通常服从幂律分布，这种网络被称为无标度网络。无标度网络的一个显著特点是少数节点拥有大量的连接或权重，而大多数节点拥有较少的连接或权重。这种分布模式揭示了网络中存在少数"枢纽"节点，这些节点在信息传播、网络稳定性和鲁棒性等方面起着关键作用。

(3)网络控制：提出改善已有网络性能和设计新的网络的有效方法。网络控制的目标在于实现城市国土空间优化，一般包括加点、加边、减点和减边四种情形。即在一定的约束条件下(土地资源约束、发展规模及等级结构等)，通过确定优化目标、建立优化模型，采用适当的方法将选定的控制节点连接起来，形成区域未来社会生态网络方案的过程。基于正负反馈的双向耦合机制，网络系统通过自组织过程实现从原稳态到新涌现稳态的相变跃迁。

　　研究复杂网络的目的是从网络中挖掘出有重要价值的信息,从狭义上讲,这也可以视为数据挖掘的一个分支。复杂网络的主要应用方向包括关键节点挖掘、链路预测和个性化推荐系统等。例如,通常认为一组节点之间具有较高的相似性,而与网络中其他部分的节点相似性较低。通过对网络社区的挖掘,可以识别出兴趣和偏好相似的用户群体,进而向这些社区成员推荐他们可能感兴趣的内容。此外,关键节点的识别有助于理解网络中的重要枢纽,链路预测则可以揭示潜在的连接,这些都为网络的优化和管理提供了重要的科学依据。

　　随着研究的深入,复杂网络的应用范围不断扩大,特别是"智慧城市"概念提出后,更是将复杂网络理论的应用推向了一个新的高度。智慧城市旨在通过集成各种信息技术,实现城市管理和服务的智能化,其中就涉及通信网络、交通网络、电力网络等多个复杂动态网络之间的高效交互与协同工作。通过复杂网络理论,可以更好地理解这些网络之间的相互作用,促进资源的有效利用,提高城市的运行效率和服务水平,最终实现可持续发展目标。

3.1.3　社会网络理论

1. 社会网络分析

　　社会网络理论的发展历程从初步概念的提出到成为跨学科研究领域,经历了一个漫长而丰富的过程。1922 年,德国社会学家 Georg Simmel 在《群体联系的网络》一书中首次引入了"网络"这一术语,用以描述人际的关系结构(汤汇道,2009)。随后,在 20世纪 40 年代,英国人类学家 Alfred Radcliffe-Brown 提出了"社会关系网络"概念,用以描绘社会结构,但他的研究重点主要集中于有界群体内部成员的行为(Radcliffe-Brown,1940)。在 20 世纪 50 年代,英国人类学家 J. A. Barnes 通过研究挪威一个渔村的社会关系,正式提出了"社会网络"一词,并强调了非正式人际关系在社会网络形成和社会发展中的重要作用(Barnes,1954)。1969 年,英国学者 J. Clyde Mitchell 进一步明晰了社会网络的概念,将其定义为特定个人之间一系列独特联系的集合,涵盖正式与非正式的关系。自 20 世纪 70 年代起,随着数学方法和计算机技术的进步,社会网络分析迎来了快速发展期。研究者开始运用图论、统计学等工具来量化和分析社会网络中的节点(即行动者)及其间的边(即关系)。

　　社会网络理论(Social Network Theory)的核心观点在于,在特定的社会情境中,个体因彼此间存在的关系纽带而倾向于以相似的方式思考和行动。这一理论着重探讨了个人、群体及组织等社会行动者之间形成的一系列复杂联系与互动模式，并将这些关系看作一个整体系统来解释更广泛的社会行为（Fuhse，2009）。

社会网络理论揭示了如何通过各种直接或间接的联系将原本孤立的行动者连接起来，同时也展示了这些联系是如何将人们划分到不同的子网络，从而影响信息传播、资源分配乃至整个社会结构的功能运作（肖冬平，梁臣，2003）。此外，社会网络理论强调了非正式关系的重要性，指出即使是看似微不足道的人际交往，也能对更大范围内的社会动态产生深远的影响。Granovetter（1973）将社会联系分为强联结和弱联结，强联结指紧密、频繁互动的关系；弱联结则是不常联络或间接联络的关系；他认为，在资源传递中，弱联结比强联结更具优势，因为强联结中的信息往往冗余，而弱联结可以带来多样化的资源和信息，增加新的价值。在此基础上，Granovetter（1973）进一步提出网络中存在三种状态——强联结、无联结（或极弱的联结）和弱联结。资源获取通常通过强联结开拓新关系、建立弱联结，并逐步加深了解，最终实现资源交换。在此过程中，弱联结逐渐变得稳定并增强信任，推动社会网络扩展。

2. 社会网络分析方法

社会网络分析（Social Network Analysis，SNA）是一种结构分析方法，主要用于研究社会网络的关系结构及其属性。通过精确量化各种关系，社会网络分析为构建中层理论和检验实证命题提供了量化的工具，架起了宏观与微观之间的桥梁。

社会网络分析作为一种重要的社会学研究方法，其核心是研究社会行动者（如个人、群体、组织）及其之间的关系（如友谊、合作、竞争等），并将这些关系抽象为一个由节点（行动者）和连线（关系）组成的网络。重点在于分析网络的结构特征，如密度、中心性、结构洞等（Scott，2012）。

从分析视角来看，社会网络分析可分为两种基本取向：关系取向——关注行动者之间的社会性黏着关系，通过分析社会联结的特性如密度、强度、对称性和规模等维度来解释特定的行为和过程；位置取向——关注存在于行动者之间的、在结构上处于相等地位的社会关系模式，探讨两个或多个行动者与第三方之间的关系所反映出来的社会结构，并强调使用"结构等效"来理解人类行为，即处于相似网络位置的行动者倾向于表现出相似的行为模式（Wasserman，1994）。

在研究方法上，社会网络分析通常采用定量分析方法，使用各种指标来测量和分析网络结构，并通过可视化手段帮助研究者更好地理解网络特征。其理论基础涵盖了社会结构理论、社会网络理论和社会交换理论，强调社会结构对个体行为的影响以及社会关系网络的功能和资源交换。

3.1.4　生态网络理论

景观生态学是研究景观结构、功能和动态的一门学科，于 1939 年由德国地理学家 C. Troll 提出，其理论核心是空间异质性和生态整体性，主要围绕格局-过程-尺度等核心问题展开研究。它以整个景观体系为研究对象，专注于研究在一个相当大的区域内，由多种不同生态系统组成的整体(即景观)的空间结构、相互作用、协调功能及动态变化，强调综合生态学中的"垂直-功能"研究途径和地理学中的"水平-空间"研究途径，运用生态系统方法与原理研究景观结构和功能的景观动态和互动机制。通过分析不同生态系统之间的空间关系和相互作用，景观生态学能够更全面地理解生态过程和模式，为生态保护和管理提供科学依据。

1. 源-汇理论

"源-汇"景观模型最初是借鉴大气科学中的"源"和"汇"概念，在此基础上演化形成模型与理论，发展成为景观生态学中的理论工具，推动了景观格局与生态过程研究的深化。在生态学研究中，源-汇模型用于描述和分析生态系统内物种、物质和能量的分布与流动过程，特别关注不同生境斑块之间的相互作用及其对物种分布和种群动态的影响。

源-汇模型为生态安全格局中廊道连接度评价、最小阻力路径的识别等提供理论依据，典型的应用是景观生态安全格局的构建。通过模拟不同生态过程(包括生物过程、地质过程、水生态过程等)，可以识别出对维持区域生态安全具有关键作用的点、线、面等要素，这些关键要素及其空间联系所形成的格局即为生态安全格局。

2. "斑块-廊道-基质"模型

在景观生态学中，斑块(patch)、廊道(corridor)和基质(matrix)是描述和分析景观结构和功能的三个基本概念。景观由多个生态系统单元共同构成，一个生态系统可被视为组成景观中的一个斑块、廊道或基质。"斑块"是指在景观中具有相对同质性的区域，是生态景观的基本单元，与其他区域在植被类型、土地利用、地形、土壤类型等方面有明显的差异。斑块可以是自然的(如森林、湖泊、草地)，也可以是人为的(如农田、城市公园、住宅区)。"廊道"在空间上表现为线性或者带状区域，通常具有一定的连续性和生态功能(如河流、沟谷、林带等)。廊道的主要功能是促进物种的迁徙和扩散,增加基因流动,减少斑块隔离带来的负面影响。廊道还可以提供栖息地和资源,帮助物种在不同斑块之间移动,增强生态系统的连通性和恢复力。"基质"表示生态背景环境,是景观体系中面积最大、性质相似的均质背景地域单元,基质对物种的分布和迁徙有重要影响。基质的性质(如植被类型、土地利用方式)会影响物种的移动和生存。

生态网络(Ecological Network)通常由生态斑块和生态廊道组成,这些斑块和廊道位于基质背景之上,通过生态廊道将各个生态斑块连接起来,形成一个空间上完整、结构上良好的系统。网络的概念在景观生态学中被用来统筹考虑和管理生态系统的各个组成部分,确保其整体的健康和可持续性(莫振淳,2018)。

3. 集合种群理论

种群是占有一定空间的生物个体的集合,在组成上具有一定同质性和空间局域性,一般将某一相对独立的地理区域内各局域种群的集合称为集合种群(鲁庆彬等,2004)。集合种群理论(Metapopulation Theory)是生态学中的一个重要概念,由芬兰生态学家 Ilkka Hanski 和 Mark Gilpin 等在 20 世纪 70 年代提出。该理论主要研究对象是将空间看成由生境斑块构成的网络(栖息地片段化效应),分析种群在时空尺度下的迁移、消亡和定居等生态学过程,保障集合种群在空间上处于平衡,并具有适宜的生境质量、密度等结构信息。

在城市生态空间破碎化程度加剧的背景下,集合种群的观点和理论逐步得到关注。该理论主要研究种群在多个斑块(或生境片段)中的分布和动态,强调斑块之间的相互作用和物种在不同斑块间的迁移。集合种群作为一项重要的研究领域(Hanski,1994;Hanski et al.,1991),为高密度城市物种保护、生态空间管理等提供了理论依据。通过与空间技术的有机融合,该理论进一步为景观生态学提供深层次的模型与机理,为高密度城市生态管理提供了新的视角和路径。

3.2 社会-生态网络理论模型

复杂网络分析方法为跨学科研究提供了一种理想的"通用语言",而且为不同领域的学者搭建了一个共同交流与合作的平台。基于社会生态系统理论,将社会行动者(如个人、组织或社区)与生态资源(如水、土地或生物多样性)及其之间错综复杂的相互作用视为一个统一的整体，通过节点和链接的形式进行概念化和建模。在这一网络中，每一个社会行动者或生态资源都可以被视为网络中的一个节点，而它们之间的互动或影响则构成了链接。值得注意的是，对于这些节点和链接的具体定义并非固定不变，而是高度依赖研究的具体问题、研究者所持有的理论假设，以考察系统的独特属性。

在此背景下，出现了一种灵活的研究范式，即社会-生态网络（Social-Ecological Network，SEN）研究，它通过将社会系统和生态系统视为相互依存的复合系统，以网络模型来描述和分析这两个系统之间的复杂相互作用，以及社会生态系统的结构和特征（Bodin et al.，2017）。社会-生态网络能够清晰地展示社会和生态系统内部的动态关系，将社会与自然相互作用的模式进行拆解、定义和形式化，通过有根据地提出假设，将社会-生态网络结构与社会-生态过程（功能）相关联，实现社会生态关系的定量研究，从而解释它们之间的相互作用关系及影响，这为理解和管理复杂的社会生态系统提供了有力的工具。

社会-生态网络由节点和边构成，其中节点代表了社会和生态系统中的具体实体（例如个人、组织、物种或栖息地），边则表示这些节点间的相互作用（如资源利用、信息交流、生态服务的提供）。

模型将节点细分为两大类：社会节点与生态节点。社会节点涵盖了个体资源使用者、政府机构、非政府组织及其他对社会系统有影响力的实体，它们在社会结构中承担着多样化的角色，从资源管理到政策制定，再到社区互动等。生态节点则映射生物物理环境中特定的部分，比如某一特定物种或是地理上分离的栖息地斑块；前者针对物种个人而言，后者则表征多个物种所形成的地域范围。

连接这些节点的边体现了不同形式的关系，包括但不限于生物物理联系、行为互动及合作纽带。根据相连节点的性质，社会-生态网络中的边被进一步分为三类主要联系（图 3.6）：社会-社会联系，强调人类社群内部的互动；生态-生态联系，描述了生态系统内部的关系网；社会-生态联系，不仅表征了人类与自然界的联系，也揭示了社会和生态系统之间的复杂交互作用（Bodin，Tengö，2012；张萌萌等，2021）。这种分类方式确保了社会-生态网络分析能够适应广泛的研究背景，为深入理解复杂系统动态提供支持。

基于社会-生态网络模型能够分别评估和研究社会行动者之间及生态资源之间的相互作用模式，即社会网络和生态网络。在社会-生态网络分析框架内，研究的核心在于探索社会与生态网络之间的相互依赖模式。

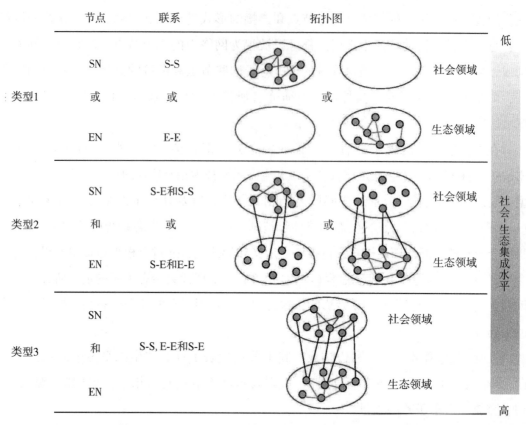

节点	联系	拓扑图

图3.6 基于社会生态集成水平的网络研究分类(引自张萌萌等, 2021)

　　为了实现这一目标,研究者定义了一组基础构建块,这些构建块捕捉了社会生态系统中关键且不可简化的特点。社会生态构建块描绘了一个简化的微观世界,形成具有理论价值的结构配置(图3.7)。每个构建块不仅代表了系统中不可或缺的组成部分,

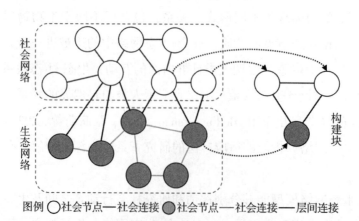

图3.7 社会-生态网络构建块(引自 Bodin et al., 2017)

还能够从理论上解析特定社会-生态网络结构的形成机制，以及社会和生态过程之间的关系。通过分析不同构建块在整个网络系统中出现的频率，能够描绘出网络的总体特征，进而理解其结构和功能。此外，不同的构建块可用于探索其他实际问题，而每个构建块的具体解释则取决于所分析的社会-生态网络的结构和功能，即网络中所有节点和链接的实际含义。

社会生态系统中错综复杂的相互依赖关系，可以通过构建和分析社会-生态网络模型来加以理解和阐释。例如，基于共享区域鱼类资源的珊瑚礁渔业社会-生态网络模型（图 3.8）。该模型由一系列节点和连接线构成，其中每个节点代表一个行动者或实体（即渔民与渔业资源），而连接线则捕捉了它们之间对促进特定行为或实现特定结果至关重要的关键关系，在图 3.8 中则表示为将渔民与其捕捞的目标鱼类所存在的对应关系。尽管不同渔民之间存在竞争关系，但他们建立的合作关系共同维持了珊瑚礁生态系统中的鱼类生物量和功能多样性，这种合作对于增强整个社会生态系统的韧性具有不可或缺的作用（Cinner，Barnes，2019；Baggio，Hillis，2018）。

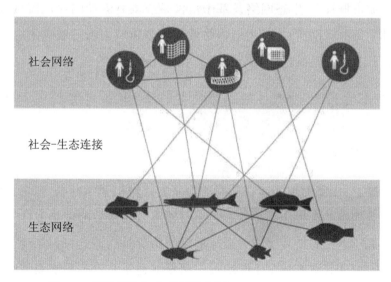

图 3.8　珊瑚礁社会-生态网络（引自 Cinner，Bames，2019）

社会-生态网络模型方法能够精确地定义和展现社会与自然在特定环境条件下的相互依赖模式，同时也促进了关于这些相互依存模式如何反映社会生态系统特征的理论不断发展。随着研究的深入，社会-生态网络分析正逐渐揭示出社会行动者与生态资源之间复杂互动背后的规律（Bodin et al.，2017）。

社会-生态网络的多层次结构不仅捕捉了系统内部的依赖关系，还揭示了关键社会

-生态元素在不同层级内的相互关联；社会-生态网络的方法通过可视化呈现社会与自然系统之间的复杂互动，揭示了人类活动与生态系统过程多尺度、跨系统的相互作用。这种方法为解析社会生态系统的结构和功能提供了一条富有前景的研究路径，也为应对环境与社会挑战提供了新的理论视角和实践工具。

3.3　社会-生态网络案例借鉴

基于社会生态系统理论构建社会-生态网络，旨在通过网络分析方法更深入地理解复杂系统内部各组成部分之间相互作用的方式。这种分析方法有助于识别关键节点、流动路径及潜在的脆弱环节，从而为实现更加可持续和韧性的管理策略提供依据。随着社会生态系统理论的发展与成熟，越来越多国内外学者应用社会-生态网络方法探索社会生态系统中复杂互动的动态特征。本节选取了四个具有代表性的案例：吉利群岛潜水旅游与珊瑚礁交互社会-生态网络、长江中游城市群土地生态系统的社会-生态网络、关中平原城市群社会-生态网络及基于粮食系统供需流动的珠江流域社会-生态网络。通过具体案例深入剖析社会-生态网络模型在多领域、跨区域应用中的实践效果，揭示其在解析社会生态系统内部复杂互动关系时所展现出的独特优势。

3.3.1　吉利群岛潜水旅游与珊瑚礁交互社会-生态网络

1. 网络建模背景

Eider 等（2023）以印度尼西亚吉利群岛为研究区域构建了社会-生态网络，以探讨潜水旅游业对珊瑚礁社会生态系统的影响。珊瑚礁以其独特的生物多样性和壮观的生态景观吸引了成千上万的游客，成为全球重要的旅游目的地之一，并给当地带来了显著的经济利益。但随着游客数量不断增长，珊瑚礁脆弱的生态系统面临前所未有的压力，包括但不限于过度拥挤导致的物理损害和珊瑚礁退化、水质污染及气候变化引起的海洋酸化和温度上升等综合因素，共同加快了珊瑚礁生态系统的退化进程。

当前关于珊瑚礁生态影响状况研究大多集中在直接环境影响方面，少有学者深入探讨复杂的社会生态系统交互作用，尤其缺乏系统性方法来研究在潜水旅游情境下人类与环境之间的互动模式，因而难以提供全面的治理建议。社会-生态网络分析作为社会生态系统研究中的重要工具，通过标准化技术检验系统结构及其普遍性，能帮助研究者探索节点间的链接结构与过程，将系统结构与其成果相联系进行理论化。

　　该研究基于潜水旅游业与珊瑚礁社会生态系统的交互作用，全面解析潜水活动背后隐藏的各种动力机制及其对珊瑚礁生态系统可能产生的长远影响，以期为未来实现可持续发展的目标提供科学依据和支持。

2. 研究数据与建模方法

　　该研究通过多种方法收集社会与生态网络数据。在社会网络数据收集方面，通过问卷调查收集潜水旅游企业的属性数据及其之间的合作关系数据，包括企业规模、成立时间、运营特征和合作类型等信息，并访谈收集这些企业对行业状况及潜水地点的意见和偏好。在生态网络数据层面，通过访谈收集潜水专家对潜水地点生态特征的评估，如珊瑚覆盖率、鱼类丰富度和鲨鱼出现频率等。此外，该研究通过随机抽样调查收集潜水员对潜水地点特征的偏好数据，用于计算偏好指数，分析游客对潜水点的选择倾向；同时，通过分析潜水旅游企业的潜水记录，了解潜水员对特定潜水地点的访问频率。

　　基于所获得的数据，该研究构建了社会-生态网络模型，旨在深入探讨潜水旅游业与珊瑚礁生态系统之间的交互作用；以潜水商店作为社会节点，以潜水地点作为生态节点。社会节点(白色)与生态节点(灰色)之间通过社会-社会(S-S)、社会-生态(S-E)及生态-生态(E-E)三种关系类型进行互动。社会边(S-S)反映了潜水商店之间的合作关系，如设备共享和信息交流；生态边(E-E)则表示潜水点在特征上的相似性(如鲨鱼数量、珊瑚覆盖率、鱼类种类等)，通过层次聚类分析确定；社会-生态边(S-E)展示了潜水商店与潜水地点的关系，例如带游客到特定潜水点，使用游客分布数据定义(图3.9、图3.10)。

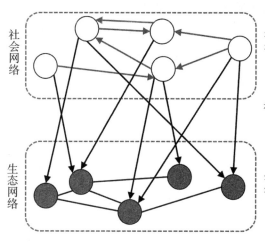

社会节点：潜水商店
社会网络连边（S-S）：反映了潜水商店之间的定向合作关系，例如设备共享和信息交流

社会-生态网络连边（S-E）：展示了潜水商店与潜水地点的关系，即潜水商店在特定潜水地点经营带游客前往

生态节点：潜水地点
生态网络连边（E-E）：潜水点在特征上的相似性（如鲨鱼数量、珊瑚覆盖率、鱼类种类等），通过层次聚类分析确定

图 3.9　吉利群岛潜水旅游区域的社会-生态网络组成结构

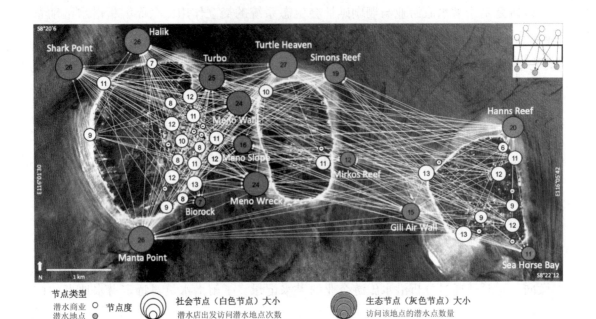

图 3.10 吉利群岛潜水旅游区域社会-生态网络（引自 Eider et al., 2023）

3. 结果分析与应用

该研究发现，潜水商店之间的合作程度对治理效果有显著影响，而潜水地点的相似性和潜水员的偏好则影响了潜水点的分布和使用频率。潜水商店之间形成了高度协作的社会网络，尤其是历史悠久、规模较大的商店在协作网络中具有核心作用。尽管如此，仍有部分新成立的企业的参与度较低。同时，潜水商店和潜水员倾向于选择具有特定自然特征(如鲨鱼数量、海龟数量、高珊瑚覆盖率)的潜水点，导致这些区域出现过度拥挤现象。这种压力集中可能加速生态系统的退化。除此之外，生态网络分组结果显示，某些潜水点具有较高的相似性(如鱼类丰富度和珊瑚覆盖率相近)，这为游客分流和潜水点使用的优化管理提供了潜在方案。生态节点的高连接性也表明，如果实施有效的分流策略，可以利用特征相似的潜水点分散游客，从而减轻热门地点的压力。

基于这些发现，该研究提出了以下改善潜水旅游业治理的策略：一是鼓励新企业加入合作网络，增强整体社会网络的连通性；二是实施珊瑚礁分区管理，限制对特定珊瑚礁的访问，保护热门潜水点的生态系统；三是根据潜水地点的相似性进行分组以分散游客，缓解热门潜水点的过度使用问题；四是通过教育宣传和培训来提高潜水员的环保意识，并制定行为规范以减少人为活动对珊瑚礁的破坏。这些策略旨在加强珊瑚礁保护，缓解潜水旅游活动对珊瑚礁的负面影响，平衡经济效益与生态保护需求，促进潜水旅游业可持续发展。

3.3.2　长江中游城市群土地生态系统的社会-生态网络

1. 网络建模背景

杨欣等（2024）以长江中游城市群为研究对象，构建长江中游城市群土地生态系统的社会-生态网络以探究其协同治理机制。随着城市化与工业化的快速发展，生态系统面临资源过度消耗、生态环境破坏和环境污染加剧等问题，威胁区域生态安全和社会福祉。土地"社会-生态"系统之间的关系存在非线性、滞后性和跨学科性，使得其治理问题变得复杂。

复杂网络分析工具为研究社会生态系统提供了统一的分析框架，能够捕捉社会与生态系统间的竞争与协作关系。该研究中的生态网络和社会网络分析方法分别用于构建区域生态安全格局和探究区域间合作机制。作为城市化高级阶段的城市群，长江中游城市群展现了复杂的社会-生态互动及人类活动对环境的显著影响，这进一步凸显了跨行政区域协同治理的必要性。通过协同治理能够提升治理效率，减少城市间的环境问题和相关负外部性。然而，当前研究较少将社会-生态网络治理应用于城市群尺度上的治理研究，且多关注管理过程而忽略了社会治理主体间的协作关系对土地生态系统网络的影响，网络治理研究在该领域的应用也相对不足。

2. 研究数据与建模方法

研究采用多源数据构建社会-生态网络，包括土地利用数据、行政边界数据、自然保护区数据、基础地理数据及数字高程数据（DEM），以 500m 分辨率划分数据处理的基本单元。同时收集 2015—2023 年城市群中规划文本和合作协议数据作为社会网络数据，来代表城市间协同治理的社会网络。

在生态网络构建方面，该研究利用形态学空间格局分析方法（MSPA）识别生态源地，并通过计算可能连通性指数（PC）和连通重要性指数（dPC）来判断生态源地的连通程度，将 dPC 从高到低排序，选取 dPC 超过 1 的作为最终生态源地。

$$PC = \frac{\sum_{i=1}^{n} \sum_{j=1}^{n} a_i \times a_j \times p_{ij}^*}{A_L^2} \qquad (3.1)$$

$$dPC = 100 \times \frac{PC - PC_{i-remove}}{PC} \qquad (3.2)$$

式中，n 为研究区生态斑块总数（块）；A_L 为研究区景观总面积；a_i、a_j 分别为斑块 i、j 的面积；p_{ij}^* 为物种在生态斑块 i 和 j 扩散的最大概率。

基于生态保护与经济发展的综合考虑，构建阻力面，利用最小阻力面模型（MCR）计算源地向周围扩散过程中的最小累积阻力，来识别物种迁移和扩散的最佳路径，并通过路径成本和路径距离功能生成潜在生态廊道。

$$MCR = f_{min} \sum_{j=n}^{i=m} (D_{ij} \times R_i) \qquad (3.3)$$

式中，D_{ij} 为物种从源地斑块 j 到目标斑块 i 的空间距离（m）；R_i 为目标斑块 i 的扩散阻力。

在社会网络构建方面，将长江中游城市群中涉及生态源地管理的 15 个城市作为节点，政府间签订的合作协议作为节点间的联系，合作数量作为联系强度。通过归纳政府间的合作文件，将社会网络划分为环境保护、机制建设、经济合作和司法保障四个主题网络。

在社会-生态网络构建方面，基于生态源地隶属地的管理关系，将政府层面的社会网络与自然层面的生态网络进行连接，构建区域社会-生态网络。通过地理可视化描述社会节点与生态节点之间的联系，直观展示网络结构，同时揭示了政策协同与生态联系的空间匹配关系(图 3.11、图 3.12)。

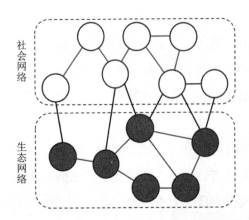

社会节点：长江中游城市群涉及生态源地管理的15个城市
社会网络连边（S-S）：政府间签订的合作协议联系
　　　　　　　　合作数量作为联系强度

社会-生态网络连边（S-E）：基于生态源地隶属地的管理关系
　　　　　　　　　将社会网络与生态网络进行连接

生态节点：生态源地
生态网络连边（E-E）：生态廊道
　　　　　　　　基于源地提取-阻力面构建-廊道提取

图 3.11　长江中游城市群社会-生态网络组成结构

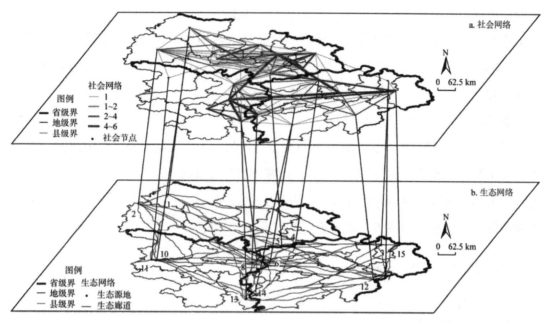

图 3.12　长江中游城市群社会-生态网络(引自杨欣等，2024)

最后，该研究再次通过核心-边缘结构模型剖析了社会网络和社会-生态网络的核心城市，并通过区域廊道长度确定了生态网络的核心城市。同时，该研究通过 QAP 相关性与回归分析，探讨了不同政策主题对生态联系的影响机制。

3. 结果分析与应用

该研究结果表明，在社会网络中，武汉、长沙、南昌是区域政策合作的核心城市，其他城市处于边缘位置。生态网络的核心城市则是根据城市内部生态廊道长度确定的，包括宜春、岳阳、吉安、九江、抚州 5 个城市。对比发现，社会网络的核心城市为三省省会，在跨区域政策协作上占据核心地位，但其境内生态廊道建设较弱，政策协同未能有效促进生态环境改善。而吉安、抚州等生态网络中的核心城市境内虽然拥有高生态价值区域(如井冈山、怀玉山)，但在社会网络层面缺乏政策协同，政府间合作不足，存在"政府管理缺位"的现象。通过 QAP 回归分析发现，"司法保障+机制建设"网络和地理邻接变量在回归分析中呈现显著正向影响。结果表明，地理格局仍是影响区域生态联系的重要因素。区域协同治理的整体效能受到司法保障和机制建设不足的制约。

基于上述分析，该研究提出以下政策建议：一是强化司法保障和协作机制建设，将合作协议上升至立法层面，推动区域治理规范化；二是提升社会网络与生态网络的匹配水平，尤其需要加强对吉安、抚州等生态核心区域的政策协同，弥补"政府管理缺位"的短板；三是优先支持湘赣边界等生态价值显著区域的廊道建设，以促进生态连通性和区域环境质量的整体提升。通过这些措施，能够有效地解决城市群社会治理与生态保护之间的空间"错配"问题。

社会-生态网络分析方法能有效识别社会管理与生态资源间的联系，为协同治理提供科学依据。该研究成果不仅为长江中游城市群的土地生态系统保护提供了决策参考，也为其他地区构建"社会-生态"网络及实现协同治理提供了借鉴，丰富了相关理论和方法，推动相关领域研究和治理实践的发展。

3.3.3 关中平原城市群社会-生态网络

1. 网络建模背景

关中平原城市群周边森林拥有丰富的生态资源，为城市提供了重要的生态系统服务(如碳储存、空气净化和水源涵养等)，但快速的城市化进程对这些森林的生态安全及可持续发展构成威胁，导致周边森林面积减少和生态系统服务下降。传统的生态资源管理方法往往只关注生态资源本身，忽略了社会因素的复杂影响，从而难以有效应对快速城市扩张带来的生态挑战。因此，Wang 等(2024)将社会-生态网络分析方法应用于关中平原城市群城郊森林管理评估，旨在探索城市化进程与生态资源管理之间的复杂关系，并识别关键的社会和生态互动机制，以揭示城市化进程中生态资源管理的网络特征、演变规律并提出管理优化策略。

通过构建社会-生态网络模型，该研究深入剖析城市扩张过程中的各种驱动因素及其对周边森林生态系统的长期影响，并提出科学建议确保在快速城市化背景下保护宝贵的森林资源，同时促进经济社会协调发展(Wang et al., 2024)。

2. 研究数据与建模方法

该研究采用多源数据，以全面分析评估关中平原城市群的城市扩张及其对周边森林生态的影响。具体而言，通过 2002 年至 2020 年的夜间灯光数据提取城市建设用地信息，分析城市扩张过程；基于统计年鉴数据确定主要城市的行政区域划分信息，用于构建社会网络。通过土地利用数据评估生态安全水平，并使用 NDVI 数据识别关中平原城市群周边面积超过 $100km^2$ 的森林斑块。同时收集土壤有机碳数据计算土壤有机碳含量，结合自然保护区和珍稀动植物栖息地数据用于计算生态-人-资源安全指数、评估生态安全综合水平并作为生态网络构建的重要依据。

在生态网络构建上，将识别出的面积超过 $100km^2$ 的森林斑块作为生态节点，结合数字高程模型、土地利用、土壤有机碳、NDVI、自然保护区覆盖率和人口密度数据等多项指标，通过空间主成分分析（SPCA）计算生态安全综合指数。据此评价指数采用最小成本路径算法计算森林斑块之间的有效距离，提取潜在的生态连通性，并构建生态网络。生态安全评价选取了 8 个影响因子，将其分为三类：①生态敏感性因子，包括地形水平、土壤有机碳、土地利用和 NDVI；②人类活动干扰因子，包括人口密度和城市化水平；③资源吸引力因子，包括生境和自然保护区覆盖率。

在社会网络构建上，研究选择关中平原城市群的主要城市作为社会节点，基于城市间签署的管理协议及行政区划信息，构建城市之间的社会网络。

在社会-生态网络构建上，将城市与管辖范围内的森林斑块连接起来，形成社会-生态网络。这些连接反映了城市在管理和保护森林资源方面的责任和行动，揭示了城市与周边森林生态系统之间的相互作用和依赖关系（图 3.13、图 3.14）。

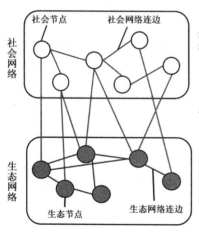

社会节点：关中平原城市群的主要城市
社会网络连边（S-S）：表示城市上级行政区的行政区域
　　　　　　　　　　根据城市的位置，通过层次行政区域连接

社会-生态网络连边（S-E）：根据城市的行政边界划定了城郊森林
　　　　　　　　　　　　管理隶属范围，构建社会-生态网络

生态节点：面积超过 $100km^2$ 的森林斑块
生态网络连边（E-E）：以生态安全综合指数定义最小成本路径
　　　　　　　　　　计算有效距离
生态安全指数构成：①生态敏感性因子；②人类活动干扰因子；
　　　　　　　　　③资源吸引力因子

图 3.13　关中平原城市群社会-生态网络组成结构

3. 结果分析与应用

该研究结果显示，关中平原城市群的城市扩张呈现多中心分布特征，城市主要发展方向逐步从西向东、从南向北转移。生态-人-资源安全指数的空间分布呈现显著的

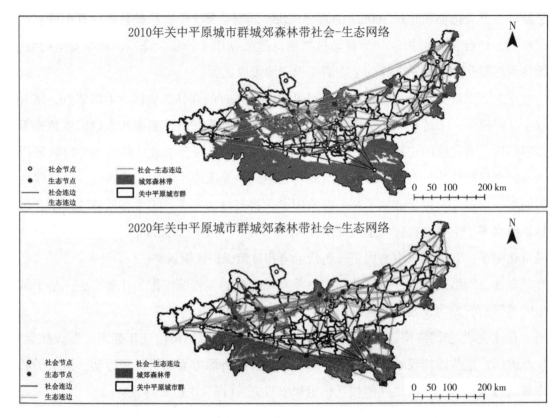

图 3.14　关中平原城市群社会-生态网络(引自 Wang et al., 2024)

不均衡,西安等大城市的生态安全指数较低,反映出生态脆弱性较强,而秦岭山区等自然条件较优地区的生态安全指数相对较高,生态安全相对稳定。2010 年和 2020 年的社会-生态网络均呈现高度互联的结构特征,抑制了过度开发的管理模式,并促进了有效管理模式的发展。

　　该研究还发现,城市扩张导致社会-生态网络结构发生变化,主要表现为有效管理模式的增强,例如部分城市在森林管理和生态保护领域的合作显著增加;而威胁生态安全的结构(如资源过度开发)得到了有效抑制。此外,2010 年至 2020 年,生态网络中不同森林斑块之间的连通性有所提高,但核心城市周边的生态压力依然较大。

　　基于这些研究结果,Wang 等(2024)提出了以下应用建议:一是制定差异化的生态保护政策,重点保护生态脆弱地区(如西安周边)和重要生态资源(如秦岭山区的森林斑块);二是优化森林管理模式,借鉴社会-生态网络中识别出的有效管理模式,促进城市政府间的协作与责任分担;三是加强森林斑块之间的生态连接,通过建设生态廊道提高生态网络的连通性和稳定性;四是鼓励公众参与近郊森林保护与管理,提升公共参与度，营造生态保护的社会共识。

尽管该研究中的社会-生态网络分析为区域生态资源管理、城市规划及政策制定提供了科学依据，也存在一定局限性。例如，仅考虑城郊森林作为生态节点，未来建议将更多类型的生态系统纳入分析框架，以更全面地量化城市生态系统服务。同时，社会网络的构建仍局限于行政区域层面，未来应构建多级的社会网络，更精细地分析近郊森林资源的管理模式，完善社会-生态网络的构建和分析，从而量化城市生态系统服务，为城市生态资源管理和优化提供科学依据。

3.3.4　基于粮食系统供需流动的珠江流域社会-生态网络

1. 网络建模背景

随着人口增长和城市化进程的加速，全球粮食安全面临严峻挑战，保障粮食供应的稳定性和可持续性已成为各国的重要目标。生态系统服务则为人类提供食物、水源、气候调节等重要服务，对保障粮食安全和人类福祉至关重要。然而，珠江流域的粮食供需格局呈现显著的不平衡现象，特别是在粮食生态系统服务的流动中，区域差异明显，供需错配问题尤为突出。粮食供需流动作为连接农业生态系统与人类福祉的关键桥梁，准确地评估生态系统服务和生活质量对于实现区域粮食安全和营养改善至关重要，这也是实现联合国可持续发展目标二(消除饥饿)的一项关键任务。

当前，关于粮食生态系统服务流动的研究主要集中于空间流动的模拟和评估，但针对供需节点间关系的动态特征及供需平衡的综合模型研究仍然不足。进一步研究生态系统服务的方向和强度，以及供需节点之间的连接关系显得尤为重要。因此，Zhou和Liu(2024)通过构建社会-生态网络框架，以中国珠江流域为例，分析了 2000 年至2019 年间粮食生态系统服务的供需流动，揭示了其在不同时间尺度上的空间格局和动态变化。研究利用社会-生态网络分析方法，量化粮食生态系统服务的流动方向和强度，并识别供需节点间的连接模式，为优化区域粮食资源配置和实现粮食安全提供科学依据。

2. 研究数据与建模方法

该研究通过整合多种数据来源，全面分析珠江流域粮食生态系统服务的供需流动及其演变过程。具体包括：基于统计年鉴计算粮食供应总量和供需比，识别区域粮食供应节点；基于人口和消费数据，通过线性回归模型估算各省城市和农村居民的人均粮食消费量，计算粮食需求总量并识别需求节点；道路网络数据则用于计算供需节点之间的距离，作为 E2SFCA 算法的输入参数；此外，耕地面积数据用于计算耕地比例和质量，NDVI 数据用于评估耕地质量，行政区划数据用于划分区域。这些数据共同支持粮食生态系统服务供需流动的量化及其演变过程的分析。

对于网络节点的识别，根据供需比(SDR)将行政区域划分为供应节点(SDR>1)和需求节点(SDR<1)，以此划分生态节点与社会节点，并进一步将节点划分为县、市、镇三个层次。

$$SDR = \frac{S_i}{D_i} \tag{3.4}$$

$$N_i = | S_i - D_i | \tag{3.5}$$

式中，SDR 是粮食供需比，其中 SDR>1 表示供应节点，SDR<1 表示需求节点，SDR 值确定节点作为供求节点的分类；N_i 则表示节点强度。

通过定义三种类型的节点间关系，即"供应-供应"(生态-生态)、"需求-供应"边(社会-生态)及"需求-需求"边(社会-社会)来测量节点间的连接，模拟了粮食流动路径。由于获得准确的贸易数据具有挑战性，很难准确估计实际粮食流量，因此该研究使用 E2SFCA 算法模拟粮食从供应节点流向需求节点的过程。该算法通过供需节点间的生产消费比及距离权重，计算粮食从供应节点到需求节点的流动强度。在第一步中，根据社会-生态网络分析中位置 j 的生产消费比，确定供应节点与需求节点的连接权重：

$$R_j = \frac{S_j}{\sum D_k W_r} \mid k \in \{d_{jk} \le d_r\} \tag{3.6}$$

$$W_r = \begin{cases} 1 - d_{jk}, & d_{jk} \le d_r \\ 0, & d_{jk} > d_r \end{cases} \tag{3.7}$$

式中，S_j 和 D_k 分别是供需节点的强度；d_{jk} 是需求节点 k 和供应节点 j 之间的可达性；W_r 是供需节点之间的距离权重。使用定义的距离阈值为每个供应节点 j 创建空间汇流 d_r，在集水区内，粮食需求可达性从供应节点 j 线性降低到 d_r，最终达到 0。供需份额 R_j 是将节点 j 的供应强度除以归因于该特定节点的累积潜在需求得出的。

在第二步中，将 N 相加在给定的距离阈值中：

$$RF = \sum R_j W_r \mid j \in \{d_{kj} \le d_r\} \tag{3.8}$$

RF 由 N_i 模拟后节点 k 的服务区内的所有供应节点提供。

$$F = D \cdot \mathrm{RF} \tag{3.9}$$

式中，F 是需求节点的流入强度；D 是所有需求注释的强度。

为了测量节点 j 和 k 之间的流动强度，位于到节点 k 的供应节点 j 的所有距离权重分配如下：

$$\mathrm{FI} = F_k \frac{W_r}{\sum W_k^r} \tag{3.10}$$

FI 是供应节点 F 的流强度，计算方法是将节点 j 和所有连接的节点 k 之间的流相加。使用的公式如下：

$$F = \sum \mathrm{FI}_k \mid k \in \{1, \, 2, \, 3, \, \cdots, \, n\} \tag{3.11}$$

式中，n 为与节点 j 关联的需求节点数；FI_k 为节点 S_j 和 N 之间的流动强度。

基于 E2SFCA 算法的结果，该研究建立了供需节点之间的连接关系，形成了完整的供需网络，并将节点的强度、类型（供应或需求节点）及所属行政层次作为节点属性，同时将连接的流量强度和距离作为连接属性。通过分析网络中节点的度数、中心性等指标揭示其结构特征，并通过研究粮食生态系统服务的流动方向和强度来评估供需平衡状况。利用网络图直观展示供需节点之间的连接关系及其流量强度，并以颜色、大小、线条粗细等方式可视化节点和连接的属性，如节点类型、强度及连接流量（图3.15、图 3.16）。

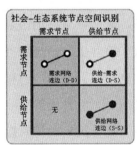
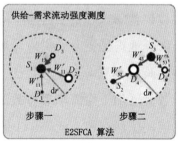
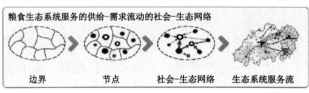

需求节点：供需比（SDR）<1的行政区划
需求网络连边（D-D）：粮食贸易下的需求节点之间的流动强度

需求-供给网络连边（D-S）：粮食贸易下区域需求节点与供给节点之间的联系强度

供给节点：供需比（SDR）>1的行政区划
供给网络连边（S-S）：粮食贸易下的供给节点间的流动强度

图 3.15　粮食生态系统服务社会–生态网络组成结构

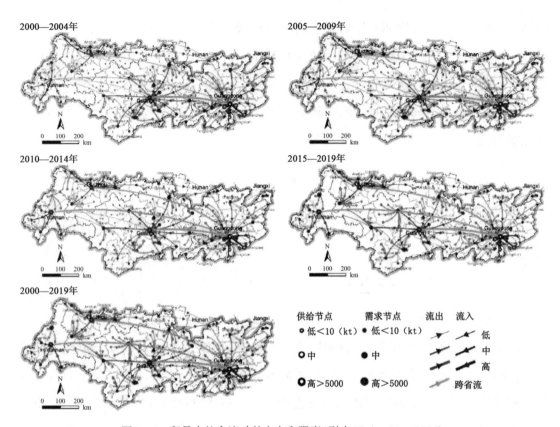

图 3.16　贸易中粮食流动的方向和强度(引自 Zhou，Liu，2024)

3. 结果分析与应用

该研究表明，从 2000 年到 2019 年，珠江流域的粮食供应总量呈现上升趋势，但区域间供需存在显著差异；与此同时，粮食需求总量则有所下降。珠江三角洲地区是主要的需求区域，而广西、贵州、云南等地则是主要的供应区域。粮食生态系统服务的供需流动呈现以区域内部流动为主、跨区域流动较少的特征，且在不同时期内，粮食生态系统服务流动网络中供应节点数量增加，而需求节点数量减少。尽管供需节点的强度均有所提升，但供需不平衡的问题依然存在。此外，不同的流量距离阈值对粮食生态系统服务的流动方向和强度有显著影响。

粮食生态系统服务的供需流动网络显示，供应节点数量有所增加，而需求节点数量有所减少。这表明珠江流域的粮食生产能力在逐步提升，但城市化进程导致粮食需求集中于经济发达的珠江三角洲地区，进一步加剧了区域供需的不均衡。此外，研究发现流量距离阈值显著影响粮食流动的方向和强度，不同区域间的粮食供需连接关系呈现动态演变。

基于上述分析，该研究提出以下应用建议：一是针对供需不平衡区域，制定差异化政策，促进供需节点间的连通性，缩小供需差距；二是推动不同行政层级间的协作模式，优化粮食流通网络，提高粮食流通效率；三是加强关键节点和重要连接的保护与优化，如广西与珠三角地区之间的连接，加强供应节点的支撑作用；四是通过改进生产布局与贸易伙伴选择，优化耕地利用效率，提高粮食系统的韧性。

该研究采用社会-生态网络方法，量化了珠江三角洲地区粮食生态系统服务的供需流动及其变化趋势，对于支持生态系统管理与促进粮食资源的有效配置具有重要意义。研究结果有助于优化生产布局、选择合适的贸易伙伴及评估生态系统服务的价值，尤其在理解和改善珠江三角洲地区的粮食供需模式、解决空间错配问题、确保粮食安全、推动农业可持续发展及提升生态系统服务价值方面发挥了重要作用。

3.4　本章小结

社会-生态网络模型能够具体而形象地解析社会生态系统内部各组成部分间的相互作用。本章在阐述社会-生态网络理论基础的同时，解析四个具体的案例，展示了这一方法在不同领域和区域中分析多样化的社会生态系统互动的应用实例。这些案例不仅涵盖了不同的地理区域，还涉及了多种生态系统类型和社会背景，体现社会-生态网络模型的适用性和灵活性。

作为探索社会与自然系统相互作用的新工具，社会-生态网络模型凭借其综合视角和动态特性，通过综合性框架整合了社会与生态要素，不仅能够有效识别出关键交互作用及其对系统整体功能的影响，还可以高效处理多主体及跨尺度依赖关系，跟踪系统各组成部分随时间演变的过程。本章分析的四个案例表明，无论是针对海洋生态系统中的潜水旅游与珊瑚礁保护，还是区域土地资源管理与城郊森林保护，抑或是粮食供需流动网络，社会-生态网络模型均将人类活动与生态环境视为一个紧密相连的整体，清晰地展示了社会活动与生态功能之间的内在联系。此外，模型通过可视化技术展示网络结构，可以迅速定位关键节点和重要链接，为适应性管理策略的制定提供了直观且有力的支持。

为应对社会生态系统研究中的多重挑战，需要梳理社会-生态网络建模分析的相关理论基础，深化对网络结构与功能关系的理解，并加强对网络动态演化和互馈机制的研究。本章对社会-生态网络方法理论和实践案例进行归纳整理，发掘社会-生态网络方法在应对生态保护、资源优化及区域可持续发展中的潜力。通过深入剖析四个案例，提出了指导模型构建、动态模拟及从案例中提取普适性原则的路径，力图为高密度城市可持续发展提供理论和应用支持，为社会生态系统复杂关系解析提供了应用情景。

第4章 城市社会-生态网络模型构建

4.1 城市社会生态系统的网络化建模

4.1.1 社会-生态网络建模框架

城市是一个高度异质性的复合社会生态系统。高密度城市中，自然系统与社会经济系统已相互渗透，具有复杂的异质组分、组织形态与交互模式，国土空间包含河流、森林、草地、公园等自然要素以及建筑、人口、交通等社会要素，受到社会经济发展和人类活动的影响更大。从研究层面来说，亟须一个分析框架，能够涵盖社会生态系统中可能发生在不同时空尺度上的动态相互作用。然而，目前尚未有得到普遍认可的社会生态相互作用理论，仍需对这一复杂过程进行深入的研究与探讨。

社会生态系统的网络化分析框架聚集社会与生态如何相结合以实现互惠共利（Ostrom，2009），社会行动者和生态资源的相互依存关系被概念化为节点和连接，以形成完整的实施的解决问题策略。近年来，有关社会生态系统过程建模的研究得到关注与讨论（Bodin，Tengö，2012；Barnes et al.，2017；Bodin et al.，2019），其大多源于生态侧的保护与维育，以及社会对生态的干扰识别与调控（Janssen et al.，2006）。由于研究问题的导向，理论假设的约束以及网络特征的差异，如何界定社会-生态网络中的节点与连接成为关键难点。

因此，阐释并定义社会生态系统过程是本研究的出发点，亦认为该步骤是构建网络模型的关键前提。整体而言，社会生态系统过程主要包含三个维度，即生态系统维度、社会系统维度和社会生态系统维度（表4.1）。

（1）生态系统维度：多数发生在城市的生态空间内部，主要集中在城市边缘与不适宜建设区域，少数零散镶嵌在城市建设空间。其包括：①生态系统中的生物与非生物组分存在的或构建的关系，是一种静态的属性关系；②生态系统中的生物与非生物组分间发生流动的相互依赖关系，如物种迁徙、巢域范围内运动等。

表 4.1 社会生态系统交互形式及其空间模式

类型	交互形式	形式简化	概念化	典型图示
生态系统维度 E	生态系统中要素之间存在的或构建的关系	E-E	界、门、纲、目、科、属、种	
	生态系统中不同物质、能量循环等的流动过程	E~E	生态流(如迁徙、运动)、能量流等	
社会系统维度 S	社会系统中要素之间存在的或构建的关系	S-S	亲属关系、朋友关系、组织关系等	
	社会系统中不同要素之间发生的流动过程	S~S	人流、交通流、物流、资金流等	
社会生态系统维度 ES	社会系统要素与生态系统要素之间存在的或构建的关系	E-S/S-E	管理关系、权责关系、空间位置关系等	
	生态系统影响社会系统，是一种以生态系统为主导的流动过程，促使社会要素流动到生态系统	S→E	生态系统服务流，如游憩服务、防灾避险等	
	社会系统影响生态系统，是一种以社会系统为主导的单向流动过程，促使生态要素流动到社会系统	E→S	生态系统服务流，如农产品供应、固碳释氧等	

（2）社会系统维度：广泛发生于城市建成区范围内，包括个人、组织或政府等，对空间边界的限制较模糊。其包括：①社会系统间存在的亲属、朋友、组织等各种关系；②社会系统内的个体流动、物质流转与信息交互等。

（3）社会生态系统维度：生态指向与社会交互过程中产生的耦合情景，强调以生态系统服务与人类福祉的耦合研究来系统辨析其交互胁迫效应。其包括：①人类社会系统各要素与自然生态系统各要素间的关系，如空间位置、管理权属、责任主体等；②以生态系统为主导的流动过程，促使社会要素流动至生态系统，如提供人类游憩、避险等生态服务功能；③以社会系统为主导的流动过程，促使生态要素流动至社会系统，如农产品供应、固碳释氧等生态服务功能。

网络模型是理解复杂城市系统结构与功能的有力工具。从要素来看，构成城市的多类主体（节点）及其流动过程（连边）形成了相互关联网络。社会-生态网络的最大特点在于强调网络层级间的交互和依存关系。这种耦合网络更能实际地反映现实世界中的网络结构，它并不是多个独立网络的简单集成，而是多个子系统互相关联互相影响所形成的多层网络模型。本书将社会生态系统的组分和流空间过程进行抽象和简化，提出社会-生态网络构成要素识别的技术思路，详见图 4.1。

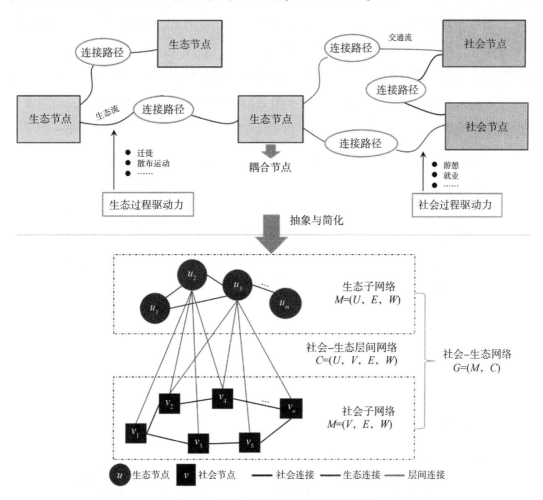

图 4.1　社会-生态网络模型框架示意图

构建社会-生态网络的技术过程包括：①选取合适的空间对象，定义网络节点的内涵和类型；②定义子系统内部(分层子网络)的连接关系，生成社会子网络和生态子网络；③识别耦合节点，以耦合节点为核心，构建子系统间(层间网络)的连接关系，构建层间网络；④通过将多种类型流空间耦合，构建社会-生态多层网络。

4.1.2 生态系统维度下的网络要素结构

本书认为，生态系统维度下的网络结构包含生态节点和生态连边 2 个基本要素，以源地斑块和生态廊道为例，源地斑块组成了最基本的空间单元，通过廊道加以连接。

根据景观生态学的源汇理论，生态斑块并非孤立存在，而是通过生态流形成相互关联的生态单元。由于不同斑块承载着多样化的生境类型，异质性的生境结构促使斑块间通过物质循环、能量流动和物种迁徙等途径，持续进行着复杂的生态流交换。自然生态学意义要素结构主要基于对生物过程的模拟运动(杨晗，2018)。如图 4.2 所示，景观表面存在不间断的生态流，如迁徙、散布运动、巢域范围内运动等。有些斑块物种丰富度高，生境良好，生物有向外迁移的趋势，是生物运动的起始点，称为源地。在生物运动过程中需要克服不同生态阻力，通常会遵循阻力最小的路径，这种路径可以视为生物移动时优先选择的路线，最小阻力路径表征生态流的运动轨迹，是构成廊道的最基本要求。

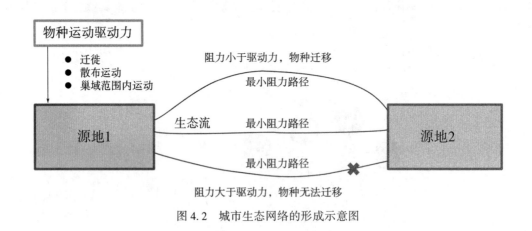

图 4.2 城市生态网络的形成示意图

1. 生态节点

源地斑块作为生态网络的基本组成单元，通常由绿地或水域等自然斑块构成。这些斑块在生态系统中扮演着至关重要的角色，它们是维持生物多样性的核心场所和物种扩散的起点。有学者认为生态源地一般指"物种扩散和维持的源点"(吴健生等,2013),也有学者将其定义为"指现存的乡土物种栖息地以及扩散和维持的元点"(彭建等,2017)。生态源地识别是构建生态网络的首要环节。当前主流方法论遵循"概念模型构建—评价指标体系设计—空间叠加分析"的技术路径:首先需建立基于生态位理论的生境适宜性概念框架,明确源地作为生物扩散"跳板"与基因库的结构-功能复合体属性;进而设计多维度评估指标,其中自然属性层涵盖植被覆盖度(NDVI 指数反演)、土壤有机质含量(实验室化验值)、水体邻近度(GIS 缓冲区分析)等本底要素,人文属性层则整合人为干扰强度(夜间灯光指数 NTL 或土地利用动态度)、法定保护等级(自然保护区/森林公园等边界叠加)等胁迫因子。采用熵权法确定指标权重,采用加权叠加(Weighted Overlay)工具生成生境适宜性分值曲面,结合形态学空间格局分析(MSPA)识别核心区斑块,最终通过综合判断确定哪些区域应划定为源地斑块。

2. 生态连边

廊道是生态网络中的连边。生态廊道作为生态要素在生态源地之间流动和传递的重要途径,是物种、物质和能量在这些源地之间流动与传递的渠道,也是将源地斑块在空间上进行有序组织的关键环节,具有维持生态系统运转、保障区域生态安全的关键功能。通过改善和优化廊道结构,可以显著提高生态系统的服务功能和恢复能力。生态廊道不仅是生态网络系统中不可或缺的连接部分,也是将分散的源地斑块在地理空间上进行有序组织和整合的桥梁。源间的廊道连接不仅是物理上的连通,更重要的是促进了生物之间的交流和互动,有助于维护生物多样性和生态平衡。

4.1.3　社会系统维度下的网络要素结构

社会体系内部存在持续不断的人口迁移、知识技术传播、文化互动等现象。社会系统维度的要素结构主要是基于对社会互动模式的模拟与分析,其作用范围主要覆盖城市建成区,涉及个人、组织或政府等多主体,且空间边界具有模糊性。某些社会空间由于具有丰富的文化资源、良好的基础设施及社会服务,吸引着人们的汇聚,并成为社会活动中重要的节点。

本书中社会系统维度下的网络涵盖了社会节点与社会连边两个基本要素,用于描述社会活动中资源与信息形成的网络结构。通过细致分析社会单元的特点及单元连接的功能,可以更好地理解社会互动模式。以下以社会出行连接为例进行说明(图 4.3)。

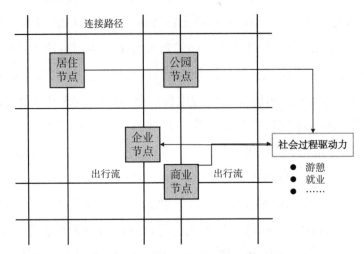

图 4.3　城市社会网络的形成示意图

1. 社会节点

社会节点作为社会网络系统的基本构成单元，是指那些在社会互动、交流和活动中展现出较高活力的特定区域。这些区域通常包括居住街坊、商业广场、文化中心及教育机构集中的地方，也可能是具有独特社会功能和服务属性的社区。它们是人们日常生活、社交活动、文化交流和经济行为的重要发生地，对社会结构和动态有着深远的影响。因此，识别社会节点是构建社会网络的第一步。

2. 社会连边

出行连接是社会网络系统中的纽带，不仅是社会资源与信息流动的重要渠道，同时也是将社会单元在地理空间上进行有序组织的连接路径。本书基于居民出行数据，阐述不同社会节点间如何通过日常移动行为产生交互作用。出行连接作为社会空间结构的关键部分，直接影响社会单元之间的信息交流速度与质量，进而影响整个社会系统的活力与稳定性。

4.1.4　社会生态系统维度下的网络要素结构

如表 4.1 所示，根据不同的方向性，社会生态系统维度下的连边包括管理关系、权责关系、生态系统服务流，如游憩服务、防灾避险、农产品供应、固碳释氧等，本书以生态系统服务流为例，指出社会生态系统维度下的网络要素包含供给、流动和需求三个基本环节,以描述生态系统服务供给与消费分离形成的空间结构。供给区、受益区和连接区组成了最基本的空间单元(图 4.4),通过服务流加以连接(李双成等,2014;汤西子,2018)。

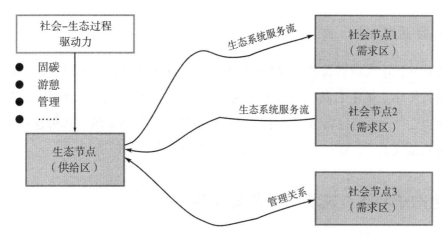

图 4.4　城市社会-生态层间网络的形成示意图

生态系统服务流是生态系统服务在自然和人为的双重驱动下,从供给源向受益汇发生的时空转移(景永才等,2018)。对于高密度城市而言,人类活动在人地关系中起到主导作用。以往生态系统服务研究主要是基于指标对生态系统服务供给进行评估(姚婧等,2018)。近年来,学者开始对生态系统服务供给与需求之间的关联开展研究,从自然科学的生态过程为主,转向融合地理学的生态服务衡量,特别是强调以人类视角研究供需空间错位及其公平效益等生态福祉问题。这也意味着,考虑社会生态系统维度下的网络要素结构研究,需要借助于生态系统地理学的研究工具,将目光投向城市生态系统服务的供给与需求两方。生态空间是服务形成、输送与最终被消费的起止点,如果脱离社会维度而单独讨论生态系统所提供的各种效用,显然是不充分的(王敏等,2019)。

1. 社会-生态节点

供给源是发挥城市生态系统服务的空间本底区域,供给的热点区域往往与景观中有着较高功能多样性的区域重叠(刘绿怡等,2018)。供给区域由生态系统及其中的生物种群和物理组分构成(马琳等,2017)。在研究供给时,需考虑服务的生物种群、水体和土壤等直接形成因素和地形和流域等间接背景因素(Bagstad et al.,2013)。

受益区是人类从生态系统中获取利益的区域，往往强调城市居民使用者对服务类型及数量的要求，通过供给规模的对比以确保均衡，生态系统服务的终点即服务在此发生消减并产生效用的区域。对需求的研究应关注人类的活动地区，如城市、农村和行政辖区，以及服务重要性和服务可替代性等主观偏好参数(Syrbe et al., 2012)。

2. 社会–生态连边

连接是指供给区域与需求区域的空间联系，是实现要素流通的核心载体。从流动的要素进行解读，供需之间的连接是服务产出主动从供给区流向使用区的服务移动流，也可以是使用者直接转移到供给区以获得服务的用户移动流。这种连接可以被理解为一种桥梁或通道，通过它可以实现资源、信息和服务的流通。

4.2 生态子网络：斑块廊道单层模型

4.2.1 结构语义模型

生态流(如空气流、水流、养分流、物种运动等)在由源地向汇地运动的过程中，与沿途的景观要素相互作用。生态流的运动方向与景观要素的不同关系，对结构和功能均有一定的影响。此情景下的生态网络模型由同类型的节点及其之间的连边组成，其中节点用来代表生态系统中同一类型的个体，而连边则用来表示个体间的关系。两个节点之间具有某种特定的关系，则存在连边；反之，则不存在连边。节点之间的最短距离作为连边的权重，且不考虑生物流动的方向，视为无向网络结构。

(1)均质节点：斑块耦合体。

将空间上直接相连的斑块单元合并形成斑块耦合体，不仅包括较大的自然植被斑块，也有较小的半自然斑块(往往作为连接重要生态斑块之间的过渡区域)，将其分别抽象为独立的中心点，视为均质的节点。由于耦合体内部斑块相邻，便于能量与物质的交换，从而产生连续的生物流。耦合体不仅包括大型的自然植被斑块，如森林、湿地等原始生态系统，还包括较小的半自然斑块，比如农田边缘、树篱、灌木丛等，它们通常扮演着连接重要生态斑块之间过渡区域的角色。

由于耦合体内各斑块是相邻的，这就促进了能量和物质的交换，以及物种的迁移，产生了连续的生物流。连续性的生物流对于维持生物多样性至关重要，因为它允许动物和植物在其生活史的不同阶段依赖不同的栖息地类型。例如，一些物种可能依赖大片的森林进行繁殖，但在觅食或过冬时使用开放草地或农田。因此，斑块耦合体的存在和质量直接影响到区域内物种的存活率和分布模式。

（2）有权连边：基于最短路径建立连接。

以最短路径为基本准则确定两个节点之间是否具有连接。一般来说，生态源地间的实际距离在一定程度上决定了生态廊道的长度和累积阻力值的大小（符小静，2019）。源斑块之间的空间距离越小，连接斑块的廊道上所累积的阻力值往往就越低，利于生态源间生态信息流的扩散。

本书基于最短路径建立源间连接，由于源间连接的阻力值存在差异，表明在网络中廊道连边的权重也不同，形成了一个赋权网络。将源间连接最短路径阻力的倒数作为边权重，无法形成最短路径之间的节点不存在边，则权重为 0。不同于无权网络，赋权网络更能通过阻力反映生态流动的难易程度（牛腾等，2019）。

（3）方向性：无向。

忽略生态斑块、节点之间能量流动及信息传播的方向性，将连边抽象为无向，即从 A 到 B 的阻抗与从 B 到 A 的阻抗值相等，节点之间可以借助最短路径实现连通。

综上所述，对于由 N 个节点，E 条边构成的生态网络结构可采用矩阵 W 表示：

$$W = \begin{pmatrix} w_{11} & w_{12} & \cdots & w_{1N} \\ w_{21} & w_{22} & \cdots & w_{2N} \\ \vdots & \vdots & & \vdots \\ w_{N1} & w_{N2} & \cdots & w_{NN} \end{pmatrix} \quad (4.1)$$

式中，w_{ij} 为节点 i 和 j 相连边的权重，$i \leqslant N$，$j \leqslant N$。

在不考虑各类斑块间作用力方向的情况下，上述矩阵变为对称轴值为 0 的对称矩阵：

$$W = \begin{pmatrix} 0 & w_{12} & \cdots & w_{1N} \\ w_{12} & 0 & \cdots & w_{2N} \\ \vdots & \vdots & & \vdots \\ w_{1N} & w_{2N} & \cdots & 0 \end{pmatrix} \quad (4.2)$$

4.2.2 源地斑块提取

识别生态源地是构建生态网络的核心前置工作。本书利用信息集成模型，从生境适宜概念模型的角度识别源地斑块。生境（栖息地）指生物出现的环境空间范围，一般指生物居住的地方或生物生活的地理环境。本书认为物种分布、植被覆盖、水源地等是栖息地的重要影响要素。各类动植物分布特征是构成源地斑块的物质条件，植被和湿地状况是生境形成和演化的本底条件，在一定条件下使生态系统能够承受干扰并仍然保持其基本结构和功能，结合数据可行性选取合适的量化指标(表4.2)。

表4.2　源地斑块生境评价指标

生境构成	指标	定义及计算简述	对源地的影响
物种状况	物种分布密度	单位面积上物种的空间核分布密度	用于提取长期存在敏感物种，包括野生动植物、敏感物种、受威胁或濒危动植物等主要栖息地
植被状况	植被覆盖度	植被的垂直投影面积占地表面积的百分数	用于提取大面积连续的林地植被覆盖区
湿地状况	水网密度	单位面积上河流长度、水域面积和水资源量比重	用于提取水源保护区、空间连续的河湖水面等

(1)物种状况。考虑到生态源地一般具有较高的生物多样性，其生态系统能满足物种栖息的要求，故采用物种分布密度进行表征。根据深圳市野生动植物(包括保护哺乳动物、两栖动物、爬行动物、鸟类等)调查的空间分布点数据，结合密度制图函数的原理，应用 GIS 核密度函数进行空间分布估算。

$$\hat{f}(x) = \frac{1}{nh^2\pi} \sum_{i=1}^{n} \left[1 - \frac{(x-x_i)^2 + (y-y_i)^2}{h^2} \right]^2 \tag{4.3}$$

式中，h 为阈值，即搜索半径；n 为阈值范围内的点数；$(x-x_i)^2 + (y-y_i)^2$ 为点(x_i, y_i) 和(x, y) 之间的离差。

(2)植被状况。植被状况可以反映森林生态系统的自我调节和恢复能力，采用植被覆盖率指标进行表征，其是指植被(包括叶、茎、枝)在地面的垂直投影面积占区域总面积的百分比，采用遥感估算方法，公式如下：

$$fc = \frac{\mathrm{NDVI} - \mathrm{NDVI}_{\mathrm{soil}}}{\mathrm{NDVI}_{\mathrm{veg}} - \mathrm{NDVI}_{\mathrm{soil}}} \tag{4.4}$$

式中，fc 为植被覆盖度；NDVI 为归一化植被指数；$\mathrm{NDVI}_{\mathrm{soil}}$ 和 $\mathrm{NDVI}_{\mathrm{veg}}$ 分别为无植被地区的 NDVI 值和植被良好地区的 NDVI 值。

（3）湿地状况。湿地作为城市中一类特殊的生态系统，在维持生态平衡、提供动物生境方面具有不可替代的作用。本书采用水网密度进行表征，水网密度用以评价区域内水网丰富程度，利用评价区域内单位面积河流总长度、水域总面积和水资源量表示。

$$
\mathrm{SW} = \frac{A_{\mathrm{riv}} \times \dfrac{l_{\mathrm{riv}}}{S} + A_{\mathrm{lak}} \times \dfrac{S_{\mathrm{lak}}}{S} + A_{\mathrm{res}} \times \dfrac{Q}{S}}{3}
\tag{4.5}
$$

式中，SW 为水网密度；l_{riv} 为河流长度；S_{lak} 为水域面积（湖泊、水库、沟渠等）；Q 为水资源量；S 为区域面积，A_{riv}、A_{lak}、A_{res} 分别表示河流、水域和水资源量的归一化系数，具体数值参考《生态环境状况评价技术规范》（HJ 192—2015）。

4.2.3　源间连接构建

生态廊道作为景观生态学中的基础概念，被定义为连接栖息地生境斑块之间的线性要素。一般意义上的生态廊道，往往是客观存在的以自然地表状态为主的地区。对于城市地域的生态廊道而言，可以将其理解为"生态廊道的城市段"，不仅具有自然生态廊道的一些基本特征，在城市背景下还具有一定的特殊性，更倾向于是一种带有公共政策或规划属性的潜在连接路径，其地表覆盖类型更复杂多样。

1. 栅格阻力模型构建

"斑块-廊道"网络模型构建的关键难点在于确定源间生态廊道。从生态过程的角度来看，物种从一个源地到另一个源地的迁移需要克服一定程度的阻力才能实现，由于景观地类、物种等因素的差别，阻力也不尽相同（杨宝丹，2018）。阻力赋值方案的不同会对网络模拟结果产生重要影响。从阻力因子来看，当前研究一般选取土地利用类型，通过人为划定分级指标以构建阻力面，这些因子多是针对城市二维层面的考虑，目前学界对阻力赋值尚未形成统一的标准。

如前所述，深圳作为高密度城市，其特征不仅体现在地表的高强度开发和利用上，更在三维空间中得以展现，通过高建成的地表和较高的建筑覆盖率，形成了独特的城市风貌。本书在确定阻力值的过程中，重点从城市建筑高度、类型等方面进行考虑。根据不同的建筑高度进行相应的阻力赋值，建筑越高，对生态流运行的阻力越大，反之越小。除了建筑高度因素，城市建筑类型也是影响生物流移动的阻力之一。本书中设置的阻力值不是一个绝对值，它只是用来反映阻力的相对大小、物质能量及信息向外扩散的相对难易趋势。

2. 基于栅格阻抗的最短距离模型

最短路径算法是地理学和图论中的一个经典概念，它不仅指地理空间中的一般距离，还涵盖了在网络结构中确定两个节点间最小成本路径的计算。这里的"距离"可以代表实际的空间长度，也可以是时间、费用或其他衡量标准，取决于具体应用场景的需求。定义 p 是图 G 上从节点 V_i 到节点 V_j 的一条路径。如图上存在一条权值最小的路径 p，则称为节点 V_i 到节点 V_j 的最短路径，此时 p 的权值为

$$w_p = \sum_{i=1}^{j} w(V_i, V_j) \tag{4.6}$$

按照求解问题的不同，最短路径一般包括单源最短路径（即固定的一个源点到其他节点的最短路径）、多源点到多汇点最短路径（即多个源点到其他多个节点的最短路径），以及全源最短路径（即全部源点到其他任意节点的最短路径）。本书的场景是模拟不同源地之间最小阻力路径，是典型的全源最短路径（all-pairs shortest paths）问题，采用时间复杂度 $O(n^3)$ 的 Floyd-Warshall 算法。

Floyd 算法通过对表示带权图（有向图或者无向图）的邻接矩阵做迭代计算，解决带权图中任意一对节点间的最短路径问题。最核心的思想是将最初的权重矩阵转变为最短距离矩阵，在邻接矩阵上做 n 次迭代，第 n 次迭代后，邻接矩阵 i 行 j 列上元素值即为 i 到 j 的最短路径值，递推公式表述为

$$d_{[i][j]} = \min_{1 \leq k \leq n} (d_{[i][k]} + d_{[k][j]}) \tag{4.7}$$

栅格运算所需数据结构简单，结果表达直观，在分析生态过程及廊道模拟方面具有很大优势。与欧氏最邻距离不同，本书基于栅格阻抗的最小距离代表的不是点与点之间的实际距离，而是具有权重的成本距离。栅格中的权重值表征为栅格表面之间移动的难易程度，将其抽象为成本矩阵，计算最短路径时会按照成本矩阵的值来选择每一步搜索的方向。

考虑到 Floyd 算法的时间复杂度较高，为提高执行效率对原始算法过程进行改进。一是生成对称矩阵（Symmetric Matrix），本书研究的加权图是无向图，从 A 到 B 的最短路径和从 B 到 A 的最短路径是相同的，如计算了 A 到 B 即可进入"已处理"类，并将路径赋值 B 到 A 路径。二是缩减搜索次数，原始的 Floyd 算法在搜索过程中会从源点出发按照成本矩阵进行广度搜索，直到所有成本矩阵中的位置都遍历到才会结束，本书中算法结束的条件是从源点出发遍历完所有中心点即可。上述 Floyd 算法不仅能够给

出两个节点之间的最小成本，而且能够回溯出最短路径在矩阵中的空间位置。本书在路径矢量化中采用 Douglas-Peucker 算法对线段进行抽稀平滑化处理（David et al.，1973），最终得到矢量化的线状最短路径。

3. 基于 Prim 算法的骨架结构提取

利用最小费用模型可模拟出研究区所有潜在的生态廊道路径，在高密度城市有限的土地资源供给约束下，难以全部在空间上实现建设，因此需要找到一个尽可能保留潜在信息的连通结构，即骨架廊道结构。骨架廊道是生态网络中一种特殊结构，由贯穿全部源地斑块、包含最短路径信息的边集合组成。

最小生成树构成了一个网络的骨架（skeleton），在数据聚类及挖掘、图像分割、最优路线等方面具有实际应用价值。骨架廊道是全部生态源地的最简连通廊道结构（卢卓，2018），能够以最小冗余保留原始网络的全局信息，是能够维持生态网络连通的最基本结构。

最小生成树又称为最小权重生成树，是指一个由 $N-1$ 条边的图连接 N 个节点后生成树的模型算法，这个图包含所有节点且权重比最低，并且保证图的连通率。最小生成树一般用克鲁斯卡尔（Kruskal）算法或普里姆（Prim）算法求得。Kruskal 算法以边为对象，不断地加入新的不构成环路的最短边来构成最小生成树，时间复杂度取决于边数，适用于计算边稀疏的网络；Prim 算法以点为对象，挑选与点相连的最短边来构成最小生成树，适用于计算边稠密的网络。稀疏和稠密常常是相对而言的，一般当图 G 中的边数目 E 小于点数目 V 的 1/2 时，则将图 G 当作稀疏图；当 E 远大于 $2V$ 时，称为稠密图（孙兵，2017）。本书构建的生态网络属于稠密图，因此采用 Prim 算法，主要算法步骤包括：

（1）输入：一个加权连通图 $G=(V, E, W)$，其中 V 为点集，E 为边集，W 为边的权重。

（2）初始化：$V_{new}=\{x\}$，其中 x 为集合 V 中的任一节点（起始点）。

（3）重复下列操作，直到所有节点都加入最大树，此时 $V_{new}=V$：

①在集合 E 中选取 W 最小的边 $\langle u, v \rangle$，如多条边的权值相同，可任取其中一条边；

②将 v 加入集合 V_{new} 中，将 $\langle u, v \rangle$ 边加入集合 E_{new} 中。

（4）输出：将所有权值相加得到最小生成树。

4.2.4 生态网络制图

1. 隔断值提取

提取源地斑块的中心点,利用 Floyd 算法,计算从目标节点到其他任意节点的最短路径,节点之间两两生成廊道。理论上,源地之间通廊的用地类型若以生态用地为主,物种迁徙的可能性越高,生态网络结构就越稳定。高密度城市中,高强度的开发建设活动与城市主要道路的阻隔效应,共同导致生态廊道断裂现象普遍存在。采用设定阈值的方法,超过一定阈值,则认为源地斑块之间不是相互连接的(傅强,2013)。为提取实际连接,需要设置一个隔断值(即两个节点之间连接的阻力之和的阈值),若源地间连接廊道阻力之和小于隔断值,则源地之间存在流动关系。

2. 构建连接矩阵

通过隔断值判断斑块节点连接关系是否存在,将结果转换成生态网络的连边关系,并将最短路径上阻力之和的倒数作为权重。根据定义的结构语义模型,网络不具有方向性,为有权连边,至此斑块-廊道结构模型构建完成。深圳市生态网络中具有节点 386 个,连边 4910 条,如图 4.5 所示。

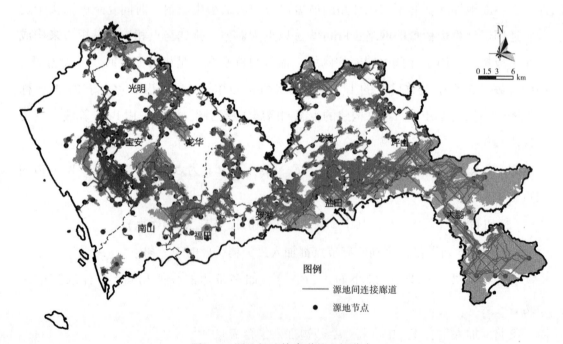

图 4.5 源地间连接廊道的空间分布

4.3　社会子网络：居民出行多层模型

4.3.1　结构语义模型

城市居民的日常生活主要包括通勤、购物、休闲和社会交往等，这些行为活动具有一定的目的指向性和不同的空间行为规律，从而形成不同的活动空间。社会子网络的节点一般以人类的集聚地（即居住地）进行表达。基于"活动"（activity-based）视角，城市居民的各种活动通过"空间载体"（如交通）形成各种要素流，产生了商业、社交、就业等网络形态。这些活动产生的大量移动 OD 轨迹数据可以被搜集和存储，因此借助手机信令、导航定位等真实流动数据提取节点之间的流动信息，可以形成网络的连边。

（1）均质节点：城市功能单元。

城市功能单元是指城市内部具有特定功能的区域，这些区域在性质和用途上相对一致。例如，居住区主要用于人们的日常生活起居；商业区是进行商品交易和服务活动的地方；工业区则是人们从事制造业和其他产业活动的空间。这些功能单元作为网络模型中的节点，代表了人们日常活动中频繁访问的目的地。它们通过交通基础设施相互连接，构成了一个复杂的网络结构，其中每个节点都承载着不同的社会经济活动。

（2）有权连边：基于出行数据建立连接。

在出行网络中，连边代表个体或群体在地理空间中频繁移动所形成的连接关系，通常连接居住地、工作地等功能节点。手机信令数据记录了居民在不同时段的位置信息，能够精准捕捉通勤等日常出行的起讫点（OD）和出行频率，反映人群的空间移动规律。由于这些数据具有时空覆盖广、样本量大、真实性强的特点，可通过识别高频出行路径，将满足一定阈值的 OD 对抽象为网络的边要素，形成社会子网络的有权连边。

（3）方向性：有向。

忽略居民出行的方向性，将连边抽象为无向，从节点 A 可以到达节点 B，那么从节点 B 同样可以方便地到达节点 A。

多元且复杂的人类行为系统可以被自然地描述为一个多层网络，其每一层网络对应某一种日常活动驱动下形成的出行结构。对于任意单层网络而言，可表述为一个地理嵌入的无向加权网络 $G(V, E, W)$，其中节点集合 $V = \{v_1, v_2, \cdots, v_n\}$，边集合 $E = \{e_1, e_2, \cdots, e_m\}$，$W$ 为权重矩阵。

本书根据高德导航数据构建多样化出行视角下的碳排放多层网络，包含居住-商业网络、居住-企业网络和居住-居住网络等类型。为了更加清晰地表达多层网络，使用 α $(\alpha = 1, 2, \cdots, N(N=4))$ 表示一层网络，每层出行网络可以用一个邻接矩阵表示，每层网络中的节点 v_i 都表示真实的地理单元，$\alpha_{ij} = 1$ 代表居民从 v_i 移动到 v_j，至此构建一个4层网络，每一层都是一个空间嵌入的居民出行网络。

4.3.2 社会节点提取

本书采用深圳市国土空间规划标准单元数据作为重点参考，用以提取居民出行网络的社会节点。规划标准单元是深圳市国土空间规划体系的重要基础工具。随着全国国土空间规划体系的重构要求及深圳自身存量土地开发形势的需求，2019年以来深圳市开展了标准单元划定工作(图4.6)。标准单元是深圳市各级各类国土空间规划共同、通用的空间基础单元，融合了编制、传导管控和实施监督等职能。如同细胞是生物体的基本结构和功能单元，标准单元的主导功能可分为居住生活类、综

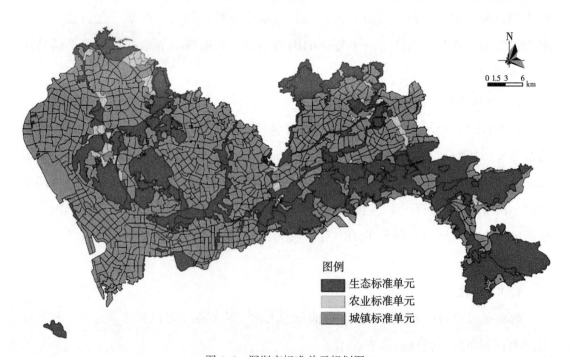

图例
■ 生态标准单元
▨ 农业标准单元
▤ 城镇标准单元

图4.6 深圳市标准单元规划图

合服务类、商业商务类、工业发展类、绿地休闲类等不同类别，分别承担生产、生活、公共服务、休闲游憩、交通等职能，共同组成、支撑、运行城市这个生命有机体(陈墩鹏，2022)。

本书基于标准单元数据，采用条件查询获得居住单元、商业单元、企业单元和公园单元，用于生成社会节点。它们不仅代表了实际地理空间中的不同功能区域，同时也作为人类各类活动的空间载体。

4.3.3　出行连接构建

网络中的边由交通流线或流动要素本身构成，本书基于导航数据的 OD 地理坐标(预先定义 O 点必须为居住单元)，将起止点所属的单元作为网络节点 v，若存在从居住单元 v_i 借助某种交通方式 T 移动到 v_j 的出行记录，则构建一条无向连边 e_{ij}，并将两地间借助交通方式 $T_i = t$ 的人流量作为连边权重 w_{ijt}，那么连边权重可以用向量 W 表示。

采用深圳市高德浮动车导航 OD 数据，记录了居民借助高德地图出行的完整记录，包括时间戳、起点经纬度、终点经纬度、行程速度、导航距离长度等。经数据清洗、OD 条件定义等数据处理之后，基于 OD 坐标判断上述 4 类节点之间的连边是否存在，并将 OD 流量作为连边权重，形成社会单元的出行连接连边。

4.3.4　社会网络制图

城市多层出行网络中每一层网络都反映了一种实际社会活动。图 4.7 反映了不同出行视角下深圳市分类网络结构特征，图中连边的粗细反映网络权重的大小，按照自然断点法划分为 5 个等级，线条越粗则表示该出行轨迹的流量越大。由图 4.7 可以看出，居住-企业网络和居住-居住网络呈现出明显的多中心分布特点，沿着东西向主干路和西部沿海通道，在宝安、南山、福田、罗湖区域形成了紧密连接的出行廊道结构；居住-商业网络的多中心分布相对较弱，热点轨迹集中在南山、福田、龙岗中心区和宝安中心区，这些区域聚集了深圳主要的商业圈；居住-公园网络的热点轨迹分布相对稀疏，在南山和福田等地形成一定规模的人流聚集。除居住-公园网络外，热点轨迹在大鹏和坪山分布极少，这两个地区的城市出行量相对较少，与其他地区的出行联系相对较弱。

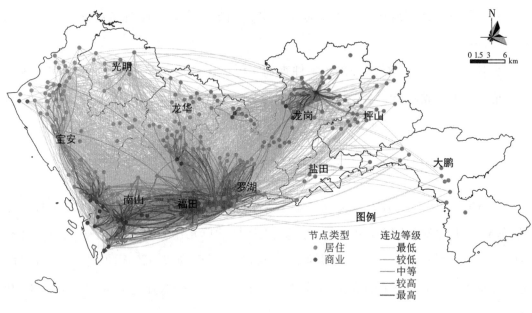

（a）居住-商业网络

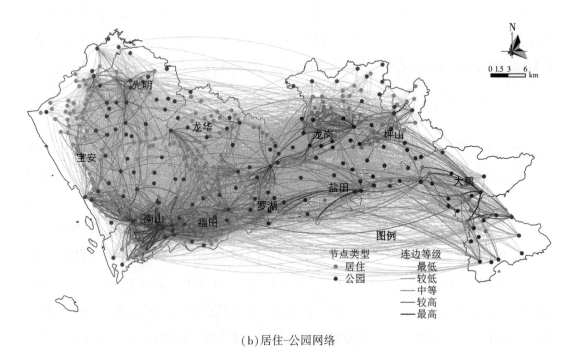

（b）居住-公园网络

图 4.7 城市出行分类型网络结构(一)

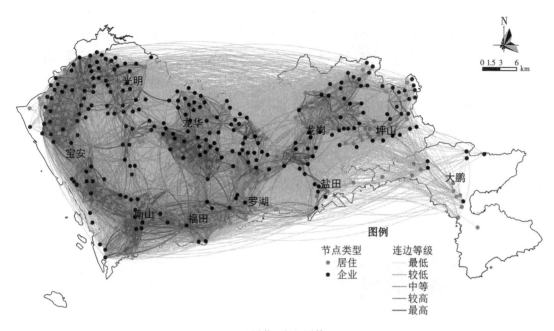

（c）居住-企业网络

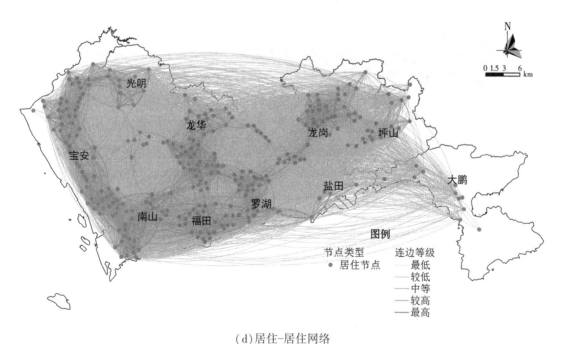

（d）居住-居住网络

图 4.7　城市出行分类型网络结构（二）

图 4.8 表达了深圳市出行社会多层网络的结构特征。多层网络中共有 755 个节点，其中居住节点 315 个，商业节点 37 个，公园节点 160 个，企业节点 243 个，共形成 5.56 万条连边，网络的平均路径长度为 1.877，平均聚类系数 0.53，表现出较高的拓扑集聚特性，具有显著的"抱团式"网络组织特征。居住-居住网络和居住-企业网络的密度最大，意味着这两种网络节点间的联系最紧密。4 种出行网络的平均路径长度分别为 2.133、2.569、2.175 和 1.604，说明大部分节点至少通过 2 个中间节点建立联系，其中居住-居住网络的平均路径长度最小，网络连边以短距离连边为主，体现出较高的可达性及居住节点间较小分离度的特征。

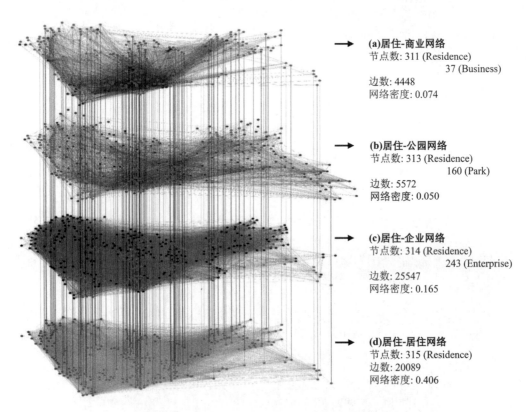

(a)居住-商业网络
节点数: 311 (Residence)
    37 (Business)
边数: 4448
网络密度: 0.074

(b)居住-公园网络
节点数: 313 (Residence)
    160 (Park)
边数: 5572
网络密度: 0.050

(c)居住-企业网络
节点数: 314 (Residence)
    243 (Enterprise)
边数: 25547
网络密度: 0.165

(d)居住-居住网络
节点数: 315 (Residence)
边数: 20089
网络密度: 0.406

图 4.8　深圳市出行社会多层网络结构及统计指标

4.4　社会-生态层间网络：供给需求二分模型

4.4.1　结构语义模型

公园绿地是城市生态空间的构成要素之一，承担了景观游憩、美学体验等社会服务功能，游憩绿地、居民、居住区、道路网等城市要素相互交织在一起形成一个复杂的城市人文环境系统(徐沙，2019)。社会生态系统之间存在的复杂交互作用不断变化，尤其是在人口流动、生态服务供需等方面。手机信令数据等大数据具备实时性和高频采样特性，其数据字段始终带有时间和位置等信息，因此能够获取人类的活动轨迹及活动时间信息，可以动态捕捉社会生态系统在不同时间尺度上的演变过程。利用手机信令的时间间隔、出行时间、周期和频率等参数，可挖掘出与居民出行相关的信息和知识，精确捕捉人口的时空移动轨迹，有助于识别人与社会-生态空间之间的动态交互。除了手机信令数据，GPS 数据、道路传感器数据、公共交通刷卡数据和在线地图服务等都可以用来提取和分析交通流量信息。这些多源数据(从车辆轨迹到人群流动模式)通过集成分析，能够实现对人口流动状况更全面而精准的认知(表 4.3)。

表 4.3　用以表征居民出行的主要数据类型

数据类型	数据说明	应用
手机信令数据	记录个人全天的活动轨迹	在样本量、覆盖范围及实施成本和周期上更具优势，多用于交通规划研究
出租车 GPS 轨迹数据	记录出租车行驶过程中停车上/下客过程	乘客一次出行所产生交通需求的发生和吸引
高德地图路径规划服务数据	记录出发站点或目的站点的公共交通出行数据	各公交站点之间的通行情况
共享单车数据	记录用户骑行的起点、终点、时间和骑行时长	分析城市中共享单车的使用热点区域，优化单车投放和调度；评估不同时间段的骑行需求，为城市规划提供参考
网约车平台数据	记录乘客下单时间、上下车地点、行程距离等	评估不同区域的出行需求
步行路径数据	记录个人步行的路径、时间和速度	分析步行热点区域，评估步行友好程度

如 4.1.4 小节所述，社会-生态层间网络选取居民游憩公园情景进行网络化建模。本书通过对手机信令等流量观测数据进行分析处理，明确生态服务的供给区与需求区的具体分布及其连接路径。此情景的网络模型由不同类型节点及其连边组成，其中节点表示生态供给区或需求区，边表示节点之间人口移动的数量。

（1）异质节点：供给区-需求区。

网络中的节点被分为两个主要类别：提供游憩服务的公园绿地节点和居住区节点。为了便于分析，将这两类节点抽象为数学集合（图4.9），将具有游憩服务的公园绿地作为节点P，抽象为集合$P = \{p_1, p_2, p_3, p_4, \cdots, p_m\}$；将居住区（考虑到数据量，按500m格网汇总）作为节点R，抽象为集合$R = \{r_1, r_2, r_3, r_4, \cdots, r_n\}$。

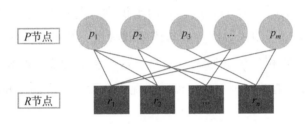

图4.9　异质节点构成及连接示意图

（2）有权连边：基于出行数据建立连接。

采用手机信令数据提取两类节点之间的流量数据，用优势流切分的方法进行二值化处理，即大于一定值则认为两类节点之间有连边。其原理是保留网络中具有优势的流量，忽略较小的流量，这是网络研究中比较常见且相对成熟的一种方法（周慧玲，2018）。

节点之间人口移动的数量，其数值大小表示供给-需求节点的互动程度，数值越大表示二者之间形成的流量越大。以流量作为权重，通过矩阵的形式呈现赋权网络结构，未直接连接的节点之间权重为0。

（3）方向性：有向。

本书主要探讨城市生态系统服务所形成的供需网络结构，考察居住区—公园所形成的OD，所形成的网络结构具有方向性。

综上，社会生态层间网络结构可表示为图$G = (P, R, E)$，其中集合P和R分别表示供给节点和需求节点，是相互独立的数据集，E表示连接这两个数据集节点的边集。设集合P和R的节点个数分别为m和n，那么

$$P = \bigcup_{i=1}^{m} \{p_i\}$$

$$R = \bigcup_{j=1}^{n} \{r_j\}$$

(4.8)

由于集合 P 和 R 同类型节点之间没有连边，网络可采用矩阵 G 表示为

$$G = \begin{pmatrix} \mathbf{0}_{m \times m} & G_{m \times n} \\ G_{n \times m}^{\mathrm{T}} & \mathbf{0}_{n \times n} \end{pmatrix} \tag{4.9}$$

$$G_{m \times n} = (g_{ij})_{m \times n} \tag{4.10}$$

$$g_{ij} = \begin{cases} 1, & \text{若 } p_i \text{ 与 } r_j \text{ 有连边} \\ 0, & \text{否则} \end{cases} \tag{4.11}$$

式中，$\mathbf{0}_{m \times m}$ 为 $m \times m$ 的零矩阵；$\mathbf{0}_{n \times n}$ 为 $n \times n$ 的零矩阵；$G_{n \times m}^{\mathrm{T}}$ 为 $G_{m \times n}$ 的对称矩阵。

4.4.2 供需斑块识别

以公园绿地为主体的开敞空间，具有改善城市生态环境、调节城市气候、提供居民日常交流、防灾避难功能等功能。作为城市游憩系统的重要组成部分，公园绿地的空间配置会潜在地影响社会效益享用的公平性。深圳在高度城市化后，以绿地和水域为主体的公园绿地在建设用地制约的条件下，必然存在分布不均的情况，需要研究供给能力与使用者需求之间的匹配状况。

1. 供给斑块

本研究采用公园绿地现状调查数据成果，辅以手机信令数据提取供给节点，共识别155 个，面积 373.12km²。虽然存在部分公园未被手机信令数据覆盖，但是上述范围涵盖了研究区 95% 的斑块(研究区各类公园面积 393.37km²)，能够表征公园服务供给能力。

2. 需求斑块

需求斑块为城市居民居住区，包括居住建筑、居住小区等。目前深圳居住建筑栋数超过 40 万栋，各类居住小区数量接近 1 万个，空间粒度过小。本书结合手机信令数据情况，将居住建筑密集区划分成 500m×500m 的空间格网(共计 1814 个)，这些格网即构成了需求斑块的空间范围(图 4.10)。

计算每个格网的需求量并进行赋值。基于深圳市"织网工程"人口普查数据成果，首先将常住人口逐一匹配至建筑尺度，其次，根据建筑与 500m 空间格网的空间关系，确定每栋建筑所属的格网单元，最后采用 ArcGIS 邻域统计工具，按格网汇总人口数，从而获得每个格网的人口规模，将其作为需求量。

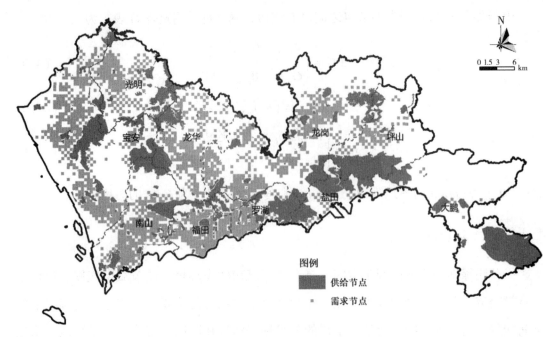

图 4.10　供给斑块与需求格网的空间分布

4.4.3　路径流量提取

本书利用手机信令数据来模拟路径流量。使用的手机信令数据来源于中国联通，包含 2017 年 10 月 1 日至 2017 年 10 月 31 日的辖区内联通手机的活动记录，并通过数据"扩样"至全口径人口，总人数约 1800 万（由数据供应商进行扩样处理），属性信息主要包括时间戳、OD、人口数量等。

本书中原始手机数据为任意两个格网点之间的分时段人口流动规模，空间分辨率为 500m。通过对手机信令一个月连续数据的预处理和训练，选取 6:00—18:00 时段，即开园时间段内有记录的样本，过滤短暂停留、无效停留、临时停留等无效的出行发生点和目的轨迹数据（方家等，2019）。利用公园范围内的格网编号从手机数据中提取与公园相关的记录，逐小时统计格网内人口流量及格网编号，最终将日平均的 OD 流量矩阵作为供给节点和需求节点之间连接路径的流量值。

基于居民倾向于选择离自己距离最近的公园的假设，以格网为起点、以公园中心点为终点，利用 OD 分析工具计算格网与公园的直线距离，将其定义为路径长度。路径过长将降低服务供给的效率与品质，因此剔除其中路径长度过大且 OD 数相对较低的异常数据。

4.4.4 层间网络制图

利用空间信息和可视化技术，通过制图综合分析，绘制生态系统服务流的供给、需求关系图，表达空间关系、流动性、热点和冷点区域等，从而能够对层间网络结构形成更加直观、全面的认识。

本书采用 R 语言 maps 和 geosphere 函数对层间网络进行可视化制图，颜色越亮(白色)表示 OD 值越大，结果如图 4.11 所示。空间上，供给节点 OD 覆盖了市域较大范

(a)全部供给节点

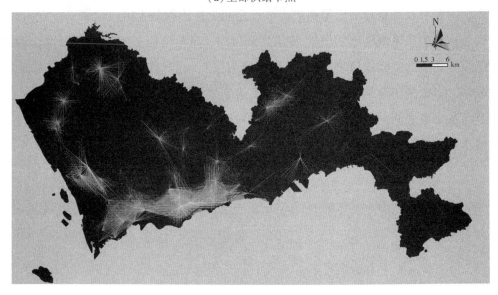

(b)城市公园供给节点

图 4.11 供需服务结构 OD 可视化

围，其中城市公园 OD 集中分布在城市南部的福田、南山、罗湖等，形成以平峦山公园、宝安公园、园博园、中心公园、笔架山公园等为主要节点的流动轴线，是供给服务的热点区；北部和中部地区公园较少，OD 连线不显著。

4.5　本章小结

相互关联是空间的基本特性。从系统论的角度分析，人地系统耦合强调自然过程与人文过程的有机结合，需要理解社会生态系统内部的复杂结构，厘清城市系统自然要素和人文要素交互胁迫的非线性耦合关系。本章将社会生态系统相互作用的模式进行拆解、定义和形式化，构建社会-生态网络模型并进行定量研究，实现地理网络对多特征、多层次特性的表达，有利于认识系统的整体性和复杂性特征。

研究城市社会生态系统耦合关系和空间优化，深圳市是绝佳的研究区域。基于对深圳高密度城市特征的理解，本章构建了三类典型网络模型。

一是生态系统维度的"斑块-廊道"生态网络。在城市开敞空间中利用廊道体系，将源地斑块进行有机连接，形成连续的空间结构。本章利用自然资源调查数据，并采用 Floyd 最小成本路径方法构建了城市生态网络模型。该模型是一个单层网络，其主要构成要素包括源地斑块、源间连接廊道。

二是社会系统维度的居民出行社会网络。从居民出行流的角度出发，选择具有社会服务功能的单元，利用高德导航数据构建了"居民出行"多层网络模型，该模型由居住节点、商业节点和企业节点等构成，节点之间的连边则基于出行记录。

三是社会生态系统维度的供给-需求层间网络。从生态服务流的角度出发，选择具有游憩服务功能的空间斑块单元(以公园绿地为主)，将其作为连接城市居住功能区的依托载体。本章基于建筑物普查数据和手机信令数据等，识别了游憩功能的供给节点、需求节点及二者之间的连接路径，并构建了一个供需要素关联的二分异质网络模型，以此体现生态空间与社会空间的相互衔接与互动。

第 5 章　生态子网络分析与连通目标优化

随着城市化进程提速，城市建设用地规模不断扩张，城市生态空间被不断挤压和侵蚀，生境斑块被侵占，迁徙物种赖以生存的环境逐渐消失或被改变，不同栖息地之间的连通性受阻，生态廊道被割裂，导致严重的景观破碎化问题。因此，生态系统服务功能日渐式微，逐渐成为制约城市可持续发展的重要问题，迫切需要采取保护和恢复措施。生态连通性不仅是实现生物多样性保护的关键工具，更是人类在应对气候变化、生态恢复及可持续发展的努力中不可或缺的一环，关于生态连通性加强的理念已被纳入多项全球政策与科学评估，例如《昆明-蒙特利尔全球生物多样性框架》（KMGBF）、《联合国生态系统恢复十年》以及《〈联合国海洋法公约〉下国家管辖范围以外区域海洋生物多样性的养护和可持续利用协定》等。在欧盟，Natura 2000 协调的保护区网络代表了栖息地保护的重要举措之一（Pereira et al.，2017）。

因此，对生态子网络进行分析，优化生态网络连通性是城市可持续发展的重要战略。生态廊道作为连接斑块的介质，是维持斑块间生物循环和交换能力的核心要素，其布局结构的完好程度对生态网络连通性产生直接影响。复杂网络分析作为一种有效的工具，能够辅助理解生态系统中各个元素之间的关系并识别生态系统中维持连通结构的关键要素，在生态连通性优化中的应用具有重要价值。

本章旨在通过复杂网络分析方法，对城市生态网络模型进行特征解析，同时对网络中节点进行重要性分析和社团挖掘分析，评估网络中各节点的中心性和局部集聚性，实现生态网络的综合重要性评估和空间局域特征观测。通过提取生态网络的骨架结构，确定新增节点的数量和空间分布，以提升生态网络连通性为优化目标，遵循"踏脚石"增补原则，定义两种不同类型的暂栖地——加密型和断裂型，基于结构连通性和功能连通性原则增加适量生态廊道以提升生态网络的效能(图 5.1)。

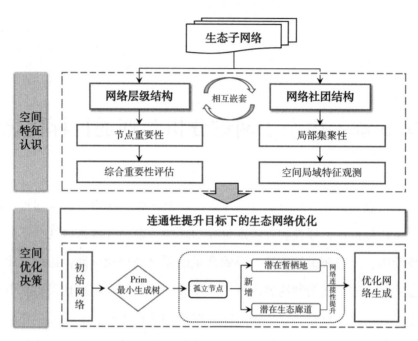

图 5.1　城市生态网络分析流程

5.1　生态网络层级特征分析

5.1.1　节点重要性指标

在生态网络研究中，节点的重要性分析是关键内容，为生态系统要素的分析定义了明确的数学形式主义，用于量化单个节点相对重要性的差异程度，帮助识别对网络结构和功能具有显著影响的关键节点。节点重要性识别作为生态网络分析与管理的核心环节，其应用范围涵盖疾病传播媒介追踪、关键物种保护及破碎化景观连通性维持等多个研究维度。

针对节点的重要性评价始于网络分析领域，目前已形成较多的评估方法。生态网络研究中通常关注能量流动或物质循环，因此会更注重度中心性(如物种间的捕食或共生关系)、介数中心性(某些关键物种作为生态"桥梁")和生态间性等，强调节点在能量传递和生态功能中的作用(Li et al.，2018)。例如，度中心性高的节点可能是"关键物种"集聚地，对整个生态系统的稳定性至关重要。此外，生态网络常涉及物种间复杂的生态关系和空间限制，比如食物链的层次性和区域性。因此，进行节点重要性分析时，单一的拓扑指标可能不足以全面反映节点在网络中的作用，考虑加入基于生态位的中心性指标，或将空间距离因素纳入中心性分析。

　　本章在进行节点重要性评价时，采用一种综合性的方法论，融合拓扑距离要素、地理距离要素等多个维度的分析手段。具体而言，此方法引入了多项评价指标，包括节点度、介数和地理关联度。度衡量的是一个节点与网络中其他节点直接连接的数量，反映了该节点的直接影响范围；介数表示一个节点在所有节点对之间最短路径中被经过的次数，揭示了该节点在网络中作为信息或资源桥梁的重要性；地理关联度评估的是节点与其他节点在空间上的接近性和联系强度，体现了地理位置对网络连接的影响。综合多种指标能够构成一个全面的评估框架，准确识别和理解网络结构中的关键节点及其对整体运作的影响。

1. 网络节点中心性指标

　　在复杂网络中，节点重要性(node importance)是指一个节点在网络中的相对影响力或地位。节点的重要性决定了它在网络功能、信息流动、稳定性等方面的作用。近年来，许多研究已经证明了中心性指标在景观生态学和生态保护规划中的巨大潜力(Estrada，Bodin，2008；Avon，Bergès，2016)。这些指标能够为生态学家和保护规划者提供空间优先事项的明确指引，通过度量节点的重要性，我们能够识别出生态网络中最关键的节点，这些景观斑块在信息传播、物种迁徙、资源分配等方面可能起到决定性作用。网络节点重要性多从网络的局部属性、全局属性及网络位置等方面进行定义和算法构建。基于中心性的重要节点分析，其基本逻辑是判断个体通过邻接关系而在全局之中展现出的支配作用，通常重要性的结果以排名的方式呈现。

　　常用来表征拓扑结构中心性的指标包括度、介数、聚类系数、特征向量等。本章中的度、介数是网络的两个非常重要的统计特征指标。度中心性帮助我们识别在生态网络中起到核心作用的节点，特别是那些在资源获取、物种栖息和生态服务提供方面至关重要的节点。介数中心性揭示了在生态网络中起到连接作用的节点，尤其是连接不同栖息地、物种群体或生态功能的关键节点。因此，从拓扑分析角度，本章选取度和介数作为节点重要性分析的主要指标。

　　度(degree)定义为节点的邻边数，即与给定 i 节点直接相连的节点个数。节点的度在物理领域中代表节点的局域连通性，是一项基础的统计特征指标；网络节点平均度数称为平均度，可用于衡量网络的疏密程度(Nie，Li，2023)。依据网络邻接矩阵 $A = [a_{ij}]$，度 $k(i)$、平均度 $\langle k \rangle$ 和归一化度 $v(i)$ 的计算公式如下：

$$k_i = \sum_{j=1}^{N} a_{ij} = \sum_{j=1}^{N} a_{ji} \qquad (5.1)$$

$$\langle k \rangle = \frac{\sum_{i=1}^{N} k_i}{N} \qquad (5.2)$$

$$v_i = \frac{k_i}{N-1} \qquad (5.3)$$

式中，a_{ij} 即网络邻接矩阵 $\boldsymbol{A}$ 中第 i 行第 j 列元素；N 为网络的节点数目，分母 $N-1$ 为节点可能的最大度值。

度指标常用于衡量节点的重要性。例如在本书所定义的生态网络中，某一个节点的度值远远超过其他节点，拥有较大的度指标，表明该节点与多个其他节点之间存在更广泛的廊道连接和资源流动。当然，网络中也会存在某一类特殊的节点，这种节点的度虽然很小，但它可能是两个社区的中间联络人，社区之间节点的连接需要通过这个节点才能得以实现（Feng et al., 2021；Li, Xiao, 2017）。对于这样的节点，需要定义另一种衡量指标——介数（betweenness）。网络中节点的介数是指任意两点间的最短路径经过该节点的概率，即不同生态斑块间最低耗费成本形成跨地域物种联系或信息交流的路径所经过节点的频率，介数越大的节点，能量、信息流经过的概率越大，在传输过程中起着枢纽的作用。介数的计算公式如下：

$$C_i^B = \frac{1}{(N-1)(N-2)} \times \sum_{j,\,k} \frac{n_{jk(i)}}{n_{jk}} \qquad (5.4)$$

式中，n_{jk} 是点 j 和点 k 之间最短路径数量；$n_{jk(i)}$ 是介于点 j 和 k 之间经过点 i 的最短路径数量。

2. 地理关联邻近度

生态网络中的节点不仅是通过拓扑结构连接的，还受到地理空间的影响。地理距离近的节点通常在生态系统中具有较强的生态关联性（如物种迁徙、资源流动）。地理距离近的节点能够更加容易地交换基因或物质，从而支持物种的生存和繁衍。考虑到生态节点在空间表现的异质性及节点之间生态过程的地理限制，本章基于节点之间地理最短路径的方法来度量节点重要性情况。根据地理学第一定律，如果两个节点间的距离越小，那么说明这两个节点的相关性越大。首先需要求得所有节点与其他所有节点的最短路径长度之和，这里的最短路径，不是网络中的拓扑距离，而是实际边长的欧氏距离。对于某一个节点而言，最短路径长度之和最小，表明这个节点可通过最短的距离到达网络中的任意节点，则该节点是一类在信息流通、资源传递和系统稳健性等方面具有重要意义的节点（Zhang et al.，2016）。根据这一思想，本章构建了基于实际空间距离矩阵的关联度指标。

节点之间的距离矩阵定义如下：

$$W = \begin{pmatrix} d_{11} & \cdots & d_{1j} \\ \vdots & & \vdots \\ d_{i1} & \cdots & d_{ij} \end{pmatrix} \tag{5.5}$$

式中，d_{ij}为节点i与节点j的最短路径长度。

如果网络中存在节点i与节点j之间没有路径相连，则距离等于该网络中所有有效最短路径距离长度的最大值：

$$d_{max} = \max(d_{ij}) \quad (1 \leq i \leq n,\ 1 \leq j \leq n)$$

定义网络中节点i和节点j之间的关联度S_{ij}，从空间距离衡量网络中两个节点之间的关系紧密程度，节点i在整个网络中的关联度之和为该节点关联度S_i。一个节点在网络中的距离和越小，则关联度数值越大，表明该节点影响力越大，即越重要。

$$S_{ij} = 1 - \frac{d_{ij}}{d_{max}} \tag{5.6}$$

$$S_i = \sum_{j=1}^{n} S_{ij} \tag{5.7}$$

5.1.2　生态子网络层级结构

网络的层级结构是指复杂网络中由多个子网络或节点群体组成的多层次组织形式，它反映了网络内部不同节点或子网络之间的关系及整体网络的功能分布。在网络科学中，层级结构可以揭示网络的复杂性和系统内部的功能差异，生态子网络层级结构可以反映城市生态空间的布局比例和结构形式。通过对这些子网络的层级化组织进行分析，可以揭示城市生态系统中不同生态空间的相对位置、功能分布及相互之间的联系。层级结构体现了城市生态环境互相关联的复杂性和要素互动的多样性，为优化城市绿地配置、提高生物多样性连接及促进可持续发展提供实践指导。本章通过采用综合节点度、介数和地理关联邻近度的指标，识别生态网络中的高等级节点布局特征，进行深圳生态网络层级性分析，揭示深圳生态网络的空间分布特征。

1. 节点度和介数

度和介数指标采用基于 NetworkX 网络分析库进行编程实现，并利用 Z-score 标准化进行归一化处理。度指标表示与某一个节点连接的全部节点数量,以深圳生态空间为例,通过计算 386 个节点度指标并进行等级划分,结果如图 5.2 所示。度指标均值为 0.14,最大值为 0.33,低于 0.10 的低等级节点数量占总节点数的 31.9%,大于 0.20 的高等级节点数量约占 30.8%。空间上高等级节点呈现明显的中心集聚,由于城市建设行为蔓延,并且由低海拔向高海拔逐步推进,在深圳原特区建成区内部的生态节点呈现低度散布的态势,保有良好度值的生态节点沿主要原生性山脉自西北向东南呈鱼钩形曲线分布。此外,部分低等级生态节点也坐落在呈现连片分布的中大型生态斑块,如北部龙岗河流域,以城镇聚落为主,留存若干废弃石场且均为裸地,生态环境受损严重。东部陆域滨海地区和近岸海域因其独特的地理位置及高森林覆盖率,使得内部生态斑块大而少,节点度值较小。

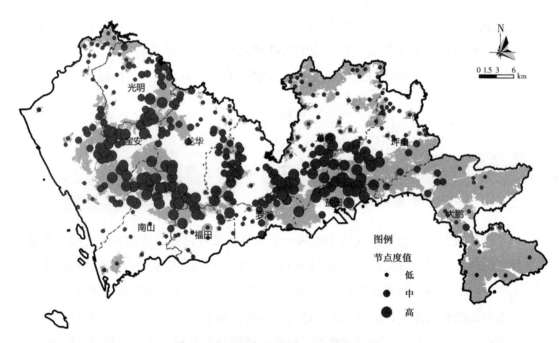

图 5.2　基于度指标的源地斑块节点重要性

　　介数值表示最短路径穿过节点的概率。计算 386 个节点的介数指标并划分为三个等级,结果如图 5.3 所示。其中低于 0.10 的低等级节点数量占总节点数量的 63.3%,大于 0.40 的高等级节点数量约占 12.2%。网络中节点的中介中心性具有较大的差异,只有 12.2% 的节点具有较高的中介中心性,这些节点起到垫脚石的作用。例如位于福田–罗湖交界区域的部分节点,龙岗西部南湾街道、吉华街道、横岗街道的部分节点,

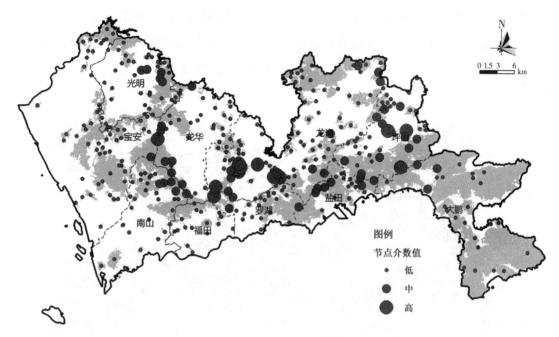

图 5.3　基于介数指标的源地斑块节点重要性

介数值远大于其他节点，在功能上有效连接东部和西部的源地斑块，起到连通整个城市生态网络的重要作用。低介数值节点分布范围较广，主要分布在生态网络的外围区域，尤其是在光明区、坪山区和盐田区等外围区域。尽管它们的中介功能较弱，但在维持局部生态廊道连通性方面仍发挥重要作用。中西部地区实际上是深圳市生态脊梁的重点连接区域，该区域内虽然具备较好的自然生态条件，但由于廊道设计不完善或网络连通性不足，部分节点未能有效融入整体生态网络，桥梁作用未显现，例如银湖山和布心山周边地区。

2. 邻近度指数

通过节点邻近程度的计算，利用节点之间最短路径距离构建邻接矩阵，得出 386 个节点的邻近度，并划分为三个等级（图 5.4）。结果显示，低于 7 的低等级节点数量占总节点数的 22.5%，而邻近度大于 18 的高等级节点数量约占 38.3%。从图 5.4 中可以看出，高等级节点主要集中分布在研究区中心地带，低等级节点主要位于区域边缘，呈现核心集聚、边缘分散的空间格局。这一分布态势主要受地理区位的影响，研究区域中部地区的源地斑块彼此距离较短，网络连通性更高，因此邻近度指数较高，形成高等级节点的集聚区。具体而言，高等级节点主要位于盐田、罗湖、福田和南山北部、龙华中部、光明东部等区域。在边缘地区,由于生态斑块间的地理距离较远,网络联系较弱,邻近度指数较低,从而形成低等级节点分散分布的特征。然而,在研究区腹地中部地区银湖山—布心山之间存在节点邻近度较低的情况。

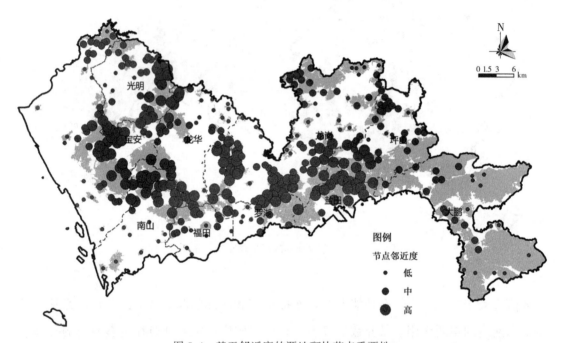

图 5.4 基于邻近度的源地斑块节点重要性

3. 综合重要性分析

综合各个节点的度、介数、邻近度三项指标,采用加权求和计算各节点综合重要度,按自然断点法(Natural Breaks Classification)将综合重要度分为 3 类,结果见图 5.5和表 5.1。自然断点法是一种基于数据分布特性的分类方法,用于将连续的数据划分为具有统计意义的类别;能够有效地识别数据中的自然断点,确保分类结果既能体现数据的内在结构,直观地区分不同级别的重要度。

由表 5.1 可知,第 1 类节点有 129 个,占总数的 33.4%,该类节点的平均度、平均介数等指标值最小,重要性低。第 2 类节点有 140 个,占总数的 36.3%,这类节点各项指标明显优于第 1 类节点。第 3 类节点有 117 个,占总数的 30.3%,平均邻近度指数为 21.64,平均度指数为 0.24,平均介数指数为 0.21,在整个网络中承担了最重要的角色,是生态网络中的高等级节点。

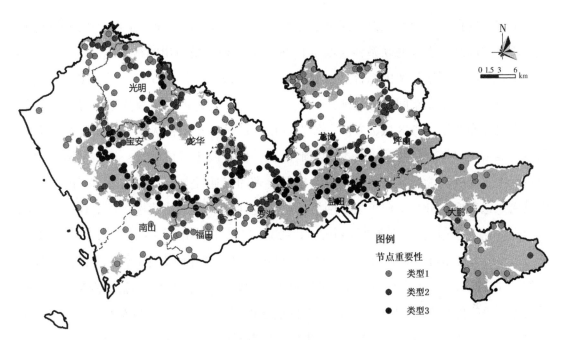

图 5.5　生态网络节点综合重要性等级空间分布

表 5.1　生态网络结构节点重要性类型统计

类型		类型 1	类型 2	类型 3
指标平均值	数量	129	140	117
	邻近度指数	5.59	15.29	21.64
	平均度指数	0.05	0.15	0.24
	介数指数	0.04	0.08	0.21

　　从数量分布来看，三类节点数量占比相对均衡，比例接近，呈现出接近随机网络的分布特性，并未表现出明显的等级结构。但从空间分布来看，高等级节点展现出明显的聚散特征，由于中北部城区之间的连续自然区与水库、山脉共同构成了深圳生态网络的重要环节，这些自然要素的高连通性提升了生态系统的整体功能。然而，在研究区西北部，生态源区的连通性相对较差，表明该区域的生态廊道网络存在一定的断裂现象，可能会限制生物的迁徙通道和生态服务的流动。此外，东西部之间生态廊道的节点等级偏低，生态源之间的距离较长，未能形成紧密的连接网络。这一问题导致生态网络的整体完整性受到一定影响，可能降低生态系统在面对外部压力时的稳定性和抗毁性。这种空间分异的形成主要受自然地理条件和城市化开发强度的共同影响。中北部地区集中了较多的自然保护地、水库和山体，这些资源被规划为生态核心区，

得到了较好的保护。而西北部地区由于城市化扩展、基础设施建设及农业用地的分割，生态源区之间缺乏有效的联系，这点与 Li 等(2021)研究所得出的结论类似。

生态空间的网络骨架由综合重要度较高的节点决定，由图 5.6 可以看出，这些节点大多位于城市生态空间中心腹地，通过多条廊道与其他源地斑块连通。等级较低的节点主要分布于原关外区域，空间上邻近城市建成区。东南部大鹏、盐田等节点对应的景观类型更多样，这些节点基本被林地覆盖，但受限于区位因素，在整个网络中难以发挥生态流的功能，导致网络东西部生态走廊的连通性较差，生态源之间的联系不够紧密。这种空间分异削弱了生态网络的整体连通性和功能连续性。针对该问题，深圳市在《国土空间生态保护修复规划(2021—2035 年)》中提出了一系列应对策略。例如，通过连通因线性基础设施分割而破碎的生态斑块，提升整体网络连通性；生态品质提升工程，加强城市生态节点功能；着力推进竹子林山廊和樟坑径山廊的整治修复工程，打造贯通山海的生态廊道。同时，逐步清退低效建设用地，改善廊道生态环境品质，并建设高速公路两侧的生态景观林带，进一步提升生态网络的连通性和功能完整性。

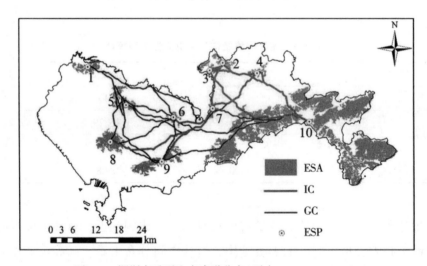

图 5.6　深圳市重要生态廊道分布(引自 Li et al., 2021)

5.2　基于单层网络社区检测的特征分析

5.2.1　单层网络社区挖掘算法

社区结构是指网络中节点之间存在相对较密切连接的一种组织形式，对于理解复杂网络的组织原则、节点相互作用和局域网络的空间界定具有重要意义（Ghasemian et al., 2019）。社区结构的存在意味着网络中的节点并非完全均匀、随机连接，而是在一定程度上形成了聚类或团簇状，使得网络呈现出一定的模块化特征。在生态网络中，均衡有序的社区结构可以促进生物多样性、增强系统稳定性、优化能量流动等，发挥着维护生态功能和提高生态系统适应能力的重要作用。这种模块化特性不仅增强了生态系统对环境变化的抵御力，还支持了关键生态过程的持续进行。

　　近年来，社区挖掘得到了国内外学者的广泛关注，学者主要采用基于模块度的方法、基于信息理论的方法、基于聚类融合遗传算法的方法、基于图的生成树分析的方法等（Newman，2006；何东晓等，2010），这几种社区检测方法如表 5.2 所示。结构挖掘算法类型较多，需要根据网络类型（同质或异质）、是否考虑重叠情形等因素选择合适的社区挖掘方法。同质网络是指网络所有节点均处于同一类型，异质网络指网络中节点存在多个类型的特征。重叠特征是指网络中存在一些节点同时被多个社团包纳，是多个社团的交集。

表 5.2　单层网络社区挖掘算法

方法	原理	优点	局限	方法举例
基于模块度优化的社区检测算法	通过模块度 Q 比较真实网络中各社区的边密度和随机网络中对应子图的边密度之间的差异，来度量社团结构的显著性	目前应用较广泛的一种社区发现算法，能较准确地识别社团结构	社区发现结果受到分辨率限制	快速算法、Louvain 算法、GN 算法、EO 算法等
基于信息论的社区检测算法	把网络的模块化描述看作对网络拓扑结构的一种有损压缩，从而将社团发现问题转换为信息论中的一个基础问题：寻找拓扑结构的有效压缩方式	具有高效稳定的特点，能针对大型有向加权复杂网络实现社团发现	计算大规模网络时时间成本较大；在有向网络中性能较差	InfoMap 算法等
基于团渗透的社区检测算法	社区是由一系列相互可达的 k-团（大小完全为 k 的子图）组成，通过合并相邻的 k-团实现	可以快速地获得 k 所有可能值的 k-团社区	对于真实世界网络，尤其是稀疏网络而言，限制条件过于严格，只能发现少量的重叠社团	k-派系算法、CPM 算法、SCP 算法等

1. 基于模块度优化的社区检测

基于模块度优化的社团发现算法是目前研究较多的一类算法。其思想是将社团发现问题定义为优化问题，然后搜索目标值最优的社团结构。当前模块度 Q 值是目前使用最广泛的优化目标，该指标通过比较真实网络中各社团的边密度和随机网络中对应子图的边密度之间的差异，来度量社团结构的显著性。模块度优化算法根据社团发现时的计算顺序大致可分为三类。

第一类为聚合思想。该算法的核心思想是自下而上地计算行进，将每一个节点都当作一个社区，通过计算每个节点间的模块度增量来实现社区的聚合。典型代表算法有快速算法、Louvain 算法等。快速算法把网络中的每个顶点初始化为一个社区，选择使模块度增值最大的社区进行合并，从而在此过程中形成树图，树的每一层划分对应网络的某个具体划分。此算法通过模块度的值来判决迭代停止条件，并在树图的所有层次中选择模块度最大的社区划分作为最终划分。Louvain 算法是最常见且应用较广泛的聚合算法。它通过构建并计算相邻节点间模块度的增量矩阵实现节点的动态聚合，具有运行速度快、适应大网络运行的特点。

对于社区检测算法所得到的结果需要有一个评判标准，以此判断、检测社区结构的质量。由 Newman 等（2004）提出的模块度（modularity）是目前应用较广泛的评价社区检测指标，模块度值越高，表示划分结果越好。模块度及增量的计算如式（5.8）和式（5.9）所示。

$$Q = \frac{1}{m} \sum_{ij} \left[W_{ij} - \frac{W_i W_j}{m} \right] \delta(c_i, c_j) \tag{5.8}$$

式中，Q 为模块度；W_{ij} 为节点 i 与 j 连边权重；W_i 和 W_j 分别是节点 i 与 j 各自的权重；m 为网络的全部连边权重之和；c_i 和 c_j 分别是节点 i 和 j 所在社区，当 i 和 j 属于同一社区时，$\delta(c_i, c_j)$ 为 1，反之为 0。

$$\Delta Q = \left[\frac{\sum in + k_{i,\,in}}{2m} - \left(\frac{\sum tot + k_i}{2m} \right)^2 \right] - \left[\frac{\sum in}{2m} - \left(\frac{\sum tot}{2m} \right)^2 - \left(\frac{k_i}{2m} \right)^2 \right]$$

$$\tag{5.9}$$

式中，ΔQ 为模块度增量；$\sum in$ 为社区内部节点权重之和；$\sum tot$ 为所有与社区内部节点相连的边权重之和；k_i 为与节点 i 相连边的权重之和；$k_{i,\,in}$ 为节点 i 与社区 c 中节点相连边权重之和；m 为网络的总边数。

第二类为分裂思想。它的主要原理是通过移除网络中特定的连边对网络进行社团划分。例如 Girvan 和 Newman(2002)最早提出的 GN 算法就属于这类算法。算法通过依次删去网络中边介数(即网络中经过每条边的最短路径数)最大的边,直至每个节点单独退化为社区,然后从整个删边过程中选取对应最大 Q 值时的结果。

GN 算法一共分为 4 个步骤:第一步是计算每一条边的边介数;第二步是删除边介数最大的边;第三步是重新计算网络中剩下连边的边介数;第四步是重复第二、三步骤,直至网络中的任意顶点作为一个社区为止。

该算法复杂度较高,因此 Newman(2006)随后定义了模块度矩阵,将模块度用矩阵的特征向量表示,提出一种用于划分网络社区结构的方法。该算法通过求解模块度矩阵的最大正特征值及对应的特征向量,依据特征向量中元素的符号将网络不断递归二分,直至子网络再细分已不能增大 Q 值。

第三类为寻优算法。其原理将社区检测发现转化为一个极值优化问题,计算每次节点划分至社区中的适应度,移除最低适应度节点以实现优化。基于遗传算法、蚁群算法等智能算法的社区发现算法属于寻优算法。其中,经典的算法为 Duch 和 Arenas(2005)提出的 EO 算法及 Agarwal 等(2008)提出的整数规划方法。EO 算法的思想是将每个节点对模块度 Q 值的贡献大小定义为局部变量,然后在随机初始划分的基础上通过贪婪策略调整局部变量(具有最小贡献度的变量),来提高全局目标函数 Q 值。EO 算法通过定义、调整适应度函数,具有较强的适应性,但是它依赖局部搜索,容易陷入局部最优解。该算法分为 3 个步骤:

第一步是每个节点随机分配到不同社区中,作为初始化社区结构。

第二步是迭代节点划分社区,计算每个节点的适应度,找出适应度最低的节点。然后,尝试将该节点移动到其他社区,并计算移动后的适应度变化。选择使适应度增加最多的移动方式,更新社区划分。

第三步是重复第二步,直至适应度函数值在连续多次迭代中不再显著增加,或者达到预设的最大迭代次数时,算法终止。此时得到的社区划分即为最终结果。

整数规划方法则是引入了基于线性规划和向量规划的舍入算法,通过求解对应的规划问题能够给出最大模块度的一个上界。整数规划方法通过定义约束条件进行社区划分,具有较高的精确性。但是由于整数规划方法复杂,面对大规模网络社团划分需要较长的时间。该算法分为 3 个步骤:

第一步是将社区最大化问题定义为整数线性规划(IP)或者二次规划(QP)问题,将其转化为线性规划或者向量规划进行求解。

第二步是根据问题构建线性规划或者向量规划模型，对社团划分进行求解。

第三步是采用局部搜索算法，对社团划分结果进行改进。选择节点归属任一社区，计算其模块度增量，保留增量最大的归属，更新社团划分结果，重复此步骤，直至无法提升社区模块度。

2. 基于信息论的社区检测

基于信息论的社区检测方法的经典算法为 InfoMap 算法，最早由 Rosvall 等（2007）提出。Lancichinetti 等（2009）测试表明该方法是目前社区发现算法里准确度较高的一类方法。InfoMap 算法把网络的模块化描述看作对网络拓扑结构的一种有损压缩，从而将社区发现问题转换为信息论中的一个基础问题：寻找拓扑结构的有效压缩方式。该方法是基于互信息和最小描述长度（MDL）原则，其中互信息用于衡量网络描述（简化后的模块结构）和原始网络之间的信息共享程度，而 MDL 原则用于在描述网络的模块形式所需的信息量和解码后剩余的不确定性之间找到平衡。方法目标是寻找一个社团划分，使得网络的描述长度最短，即模块描述 Y 的长度加上给定 Y 时指定确切网络 X 所需的额外信息量最小。该算法分为 5 个步骤：

第一步是网络描述。将网络的链路结构视为随机变量 X，通过编码器将其编码为简化的描述 Y，Y 包括模块分配向量 a 和模块矩阵 M。

第二步是互信息最大化：寻找最佳的模块分配 a^*，使得描述 Y 和网络 X 之间的互信息 $I(X, Y)$ 最大化。互信息的计算涉及网络 X 的信息熵 $H(X)$ 和给定 Y 时 X 的条件信息熵 $H(X \mid Y)$。

第三步是描述长度最小化。根据 MDL 原则，计算模块描述 Y 的长度 $L(Y)$ 和给定 Y 时指定 X 所需的额外信息量 $L(X \mid Y)$，并寻找使两者之和最小的模块数量 m。

第四步是模拟退火搜索。由于检查所有可能的网络划分是不切实际的，因此使用模拟退火算法结合热浴算法来搜索最大化互信息的划分。

第五步是模型选择。在不知道网络中模块数量的情况下，通过比较不同模块数量下的描述长度，选择使描述长度最小的模块数量作为最优解。

对于社区大小及边密度不一的社区发现问题，该发现算法要明显优于基于模块度优化的社区发现算法。随后 Rosvall 等（2007）进一步以描述图中信息的扩散过程为目标，将问题转换为寻找描述网络上随机游走的有效编码方式，使该方法更适用于捕捉社区内部节点之间的长程相关性。该算法具有高效稳定的特点，能针对大型有向加权复杂网络实现社区发现。

3. 基于团渗透的社区检测

团又称派系(clique),是网络中的一个完全子图,团内任意两点都有边相连,k-团表示节点个数为 k 的完全子图。针对重叠社区结构,Palla 等(2005)提出的派系过滤算法(CPM)是最经典的重叠社区发现算法。该算法原理是若两个 k-团间存在 $k-1$ 个共享节点,则认为两个 k-团是相邻的,算法通过合并相邻 k-团实现社团划分。该算法分为 4 个步骤:

第一步是计算网络中的所有的极大派系(是指该 k-团不能被大于 k 的派系包含)。

第二步是构建极大派系的重叠矩阵,该矩阵为一个方阵,对角线上为该派系的节点数 k,而非对角线上为不同极大派系间的共享节点数。

第三步是构建网络中的 k 派系邻接矩阵,将重叠矩阵中对角线上小于 k 和非对角线上小于 $k-1$ 的元素设置为 0,反之为 1。

第四步是找出 k 派系社区,根据邻接矩阵就能得到整个网络图的 k 派系社区。

2007 年,Palla 等又提出有向 k-派系的概念,以实现在有向图中的重叠社区发现。CPM 通过挖掘网络中的完全子图,将网络分割成一个个派系,根据相关性的界定将独立的团合并形成团组,最终实现社区划分(任成磊,2016),这一类算法可统称为基于团渗透理论或派系理论的算法。Kumpula 等(2008)在前人研究的基础上进一步提出了一种快速团渗透算法(SCP 算法)。该算法分为两个阶段,第一阶段将网络的边按顺序(如加权网络按权值大小顺序)插入网络中,并同时检测出现的 k-团;第二阶段将检测的 k-团根据是否与已有 k-社区相邻,并入 k-社区或形成新的 k-社区。由于边插入的顺序性,在第二阶段检测时,SCP 算法只需依次对 k-团进行局部判断;而且 SCP 算法能够在一遍运行中检测不同权重阈值下的 k-团,较大地提高了团渗透算法的计算速度。

基于团渗透的社团检测方法通过相邻 k-团间的共享节点识别社区,能够适用于密集型网络的划分,同时考虑了节点的多重连接特征,能够准确识别重叠社区。但是该方法以团为基本单元,对于真实网络尤其是稀疏网络,限制条件过于严格,社区检测效果较差。

5.2.2　生态网络空间组织

本章采用 Louvain 算法挖掘生态单层网络社区结构。通过社区挖掘算法,深圳市生态网络共划分为 11 个主要社区(图 5.7),模块度达到 0.7,表明网络本身具有显著的社区结构特性。整体上,各个社区的节点分布较均衡,社区 1~3 所拥有的节点数量分别为 57 个、54 个和 40 个,三个社区拥有的节点数量占比接近 40%;其余社区的节点规模均低于 10%,但与前三个社区的节点规模差异不大。

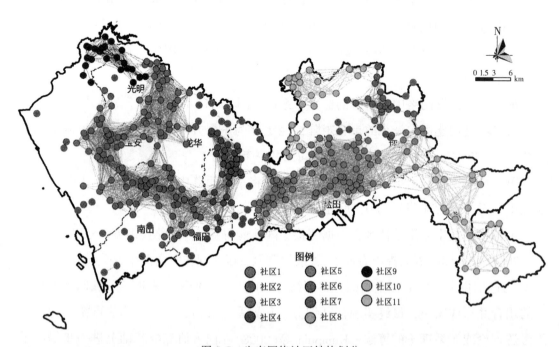

图 5.7　生态网络社区结构划分

社区的规模大小揭示了网络中个体团聚的空间宽泛程度,大规模的社区通常包含大量节点和边,形成更复杂而密集的子图结构。从表 5.3 来看,社区 1 的规模最大,以马峦山、三洲田、赤坳水库等重要源地为主要构成,社区内拥有节点 57 个、连边1038 条,节点数和连边数占研究区的比例分别为 14.8% 和 21.1%,跨越坪山、盐田、龙岗三个区域,也包括大鹏的 2 个节点。社区 2 以阳台山、塘朗山、铁岗-石岩水库和西丽水库等为主要构成,规模略低于社区 1,节点数和连边数量分别为 54 个和 1080条,节点数和连边数占比分别为 14.0% 和 22.0%,涉及南山、宝安、龙华及福田等区域。

社区 10 和社区 11 是规模最小的两个社区,空间上均位于龙岗区,其中社区 10 节点规模 18 个,以城市东北部清林径水库及周边山体林地为主要构成;社区 11 节点规模 8 个,以龙口水库、大运公园等为主要构成。

表 5.3　生态网络社区结构统计

类型	节点数量		行政区(节点数)
	数量(个)	比例(%)	
社区 1	57	14.8	坪山(22)、盐田(18)、龙岗(15)、大鹏(2)
社区 2	54	14.0	南山(26)、宝安(12)、龙华(8)、福田(8)
社区 3	40	10.4	光明(24)、龙华(11)、宝安(5)
社区 4	38	9.8	龙岗(21)、龙华(10)、福田(4)、罗湖(3)
社区 5	33	8.5	龙岗(17)、罗湖(15)、盐田(1)
社区 6	28	7.3	宝安(20)、光明(8)
社区 7	24	6.2	坪山(17)、龙岗(7)
社区 8	23	5.9	大鹏(23)
社区 9	23	5.9	宝安(13)、光明(10)
社区 10	18	4.7	龙岗(18)
社区 11	8	2.1	龙岗(8)
其他	40	10.4	龙华(9)、龙岗(8)、宝安(7)、南山(6)、罗湖(4)、福田(3)、坪山(2)、光明(1)
合计	386	100.0	—

注：按源地斑块的中心点所在位置确定所属行政区。

从定义来看，网络社团之间存在较稀疏的连接，然而正是这些薄弱的关系，传递着能够消除不同群体间差异认知的关键信息，因此明确社团间的交互关系对于揭示生态网络中的跨地域交流特征具有很大帮助。观察表5.3，可以发现社区1和社区2是整个网络中织网密度最高、联系最紧密的社区，在空间上具有中部集聚的特点，分别位于西部和东部的中心区域，起到沟通联系其他社区的重要作用。其中，社区1分别与社区5、社区7、社区8和社区11串联，社区2与社区6和社区3、社区4相互串联。

从社区之间的关联来看，社区内部的连边数量为4205条，社区之间的连边数量为705条，分别占网络中全部连接数的85.6%和14.4%，社区内联系紧密，社区之间联系十分稀疏。社区之间联系较紧密的是社区2和社区6(69条)、社区2和社区4(132条)。作为连接城市东部和西部2个区域的重要通道，社区4与社区5之间的连接数量低于10条，若建设用地持续扩张，可能导致无法形成有效的连接路径，不利于形成贯通全域的完整生态安全格局。

根据不同组团的空间位置将其抽象、简化为相应的中心点，并进行可视化制图，其中中心点大小表示组团规模，组团间的连线粗细表示联系紧密程度，结果如图5.8

所示。从整体来看，生态网络的组织模式可表述为：形成多组团的布局，由东西两向贯穿的分支状，若干规模相当的组团构成整体结构。

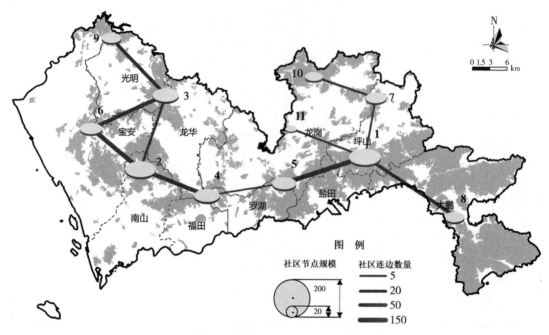

图 5.8　简化的生态网络组团结构

深圳市"山海连城"计划作为一项纲领性规划，为更好适应生态文明建设目标而对深圳市绿色生态空间布局进行了战略性部署，提出构建深圳市"四带八片多廊"生态空间格局，融合"一核多心网络化"城市开发格局，通过生态修复、绿道连通、廊桥建设等措施，打造覆盖自然郊野公园和城市公园的中部公园群。与"山海连城"计划的布局远景相比较，当前生态网络在东西横向基本显现出明显的骨架结构，但福田-罗湖区域联系稀疏，西部与东部区域的生态网络未形成有效连通，同时南北纵向的廊道尚未形成雏形，整体在网络均衡性、连边密度及空间覆盖范围方面，与"山海连城"计划的目标存在一定的差距。

5.3　强弱并济准则的网络优化

快速城市化和景观破碎化使生态斑块变得非常脆弱，增加了生境连通性的不确定性风险。上述分析结果表明，深圳市生态网络中包含节点规模小于3的极小规模社区和13个孤立节点。这些节点受到城市建成区的影响，难以与其他源地斑块形成有效连接，例如因梅观路快速路等交通设施建设，原生山体之间的生态通道断裂，部分乃至成片节点被排除在主要生态团簇结构以外，呈现零星分布孤岛化状态，孤立节点和跨区断点的存在对于网络整体的连通效应产生巨大的折损，导致了深圳市生态空间破碎化严重的问题。针对以上问题，2023 年 2 月，深圳市城市管理和综合执法局印发了《关于落实"山海连城绿美深圳"生态建设工作的实施方案》，强调了"连通"在规划中的必要性和重要性，"连生态"作为首位，也是最基本的要求。为此，深圳市统筹开展了大生态修复规划设计，作为开启"山海连城、绿美深圳"生态建设的首座标志性生态断点连通工程，2023 年 12 月 30 日，鲲鹏径一号桥的贯通，实现了梅林山与银湖山之间的"缝合修复"，为野生动物提供了迁徙和觅食的生态通道。这座廊桥展示了创新、智慧和生态修复的多重亮点，为广东省乃至全国的生态保护和修复工作提供了宝贵经验。

在此背景下，本书针对高密度城市生态空间破碎化问题，以生态网络连通性提升核心宗旨，实现物种迁徙和生态功能的恢复。优化策略以最小生成树为骨架，通过社团挖掘识别孤立节点，结合城市发展规划确定新增暂栖地和生态廊道的布局（新增暂栖地分为断裂型和加密型），增强边缘节点的连通性，同时提升核心节点的抗风险能力。优化后的网络在节点覆盖范围、连边数量和网络连接性等拓扑指标上均表现出显著改善，为构建高效且可持续的城市生态网络提供了理论支撑与技术路径。

5.3.1 待仿真节点搜索策略

待仿真节点是指在网络仿真模拟过程中，需要被模拟和分析的特定节点。这些节点通常与其他节点存在某种关系或交互，因而在优化过程中扮演着关键角色。优化对象的识别是这一过程的第一步，它涉及识别网络中哪些节点、边、路径或流量等部分，对优化目标的实现具有决定性影响，同样优化目标的制定对于待仿真节点的选择具有重要的指导意义，其明确了搜索的优先级并设定了具体的评估标准，从而引导算法选择和影响搜索空间。从生态学理论出发，一定范围内各生境斑块中的同种个体构成"局域种群"，各局域种群通过物种迁移连接形成整个区域的群体称为"集合种群"（魏钰等，2019）。集合种群的观点越来越受到学者的关注，对城市物种保护和生态功能恢复更具现实意义。基于此判断，可以得出生态网络优化的核心目标在于建立若干个相互联系的"局域种群"，并通过廊道连接起来。

从提升生态网络连通性的角度，一条可行路径是增加孤立节点与现有网络最大连通子图的连接。通过设置栖息的小型生境通道，能够对景观生态流的运行起到疏通作用，可以作为物种迁徙的交流通道来引导物种迁移，具有增强连接度的功能。因此，本章所定义的优化目标是提升生态网络的连通性，具体来说，目的是通过增加网络中关键节点的连接，来增强整体连通性。定义的待仿真节点实际上是被排除在最大连通子图以外的孤立节点及对宏观区域连通具有重要作用的关键节点，再考虑到城市建设空间有限和生态廊道建设的高额成本，本书采用最小生成树算法提取深圳市骨架廊道网络，获取理想状态下的全连通图，在此基础上锚定待仿真节点的空间落位。

1. 骨架廊道网络构建

生态空间节点的增长，对于高密度城市而言，不仅是增补一块绿地，还是一个非常复杂、系统的工程，需要兼顾在规划建设约束条件下的优选机制规则，因而建设成本高。本章要探讨的问题可以转化为：如何在全部源地斑块之间建设一个全连通的网络，能够使整个网络保持连通且成本最低？

上述问题是典型的最小生成树算法（Minimum cost Spanning Tree，MST），应用图论的术语，在给定的图 $G=(V, E, W)$ 中，(v_i, v_j) 代表连接节点 v_i 与节点 v_j 的边，$w(v_i, v_j)$ 代表权重（对 386 个源地斑块构建的最短路阻力累积值），因边的权值均不相同，若存在 a 为 L 的子集且无循环，使得 $w(a)$ 最小，则此 a 为最小生成树，且是唯一的最小生成树。

$$w(a) = \sum_{(v_i, v_j) \in a} w(v_i, v_j) \tag{5.10}$$

本章采用 Prim 算法实现对最小生成树的提取，共生成 385 条廊道（图 5.9），构成

图 5.9　生态网络的最小生成树

了连接深圳市所有生态源地斑块的、代价最小的潜在线性通道集合。该集合是深圳市生态空间结构的基本骨架，任意两个斑块之间均可找到一条路径进行物质、能量、信息的交换，保证源地之间形成完整体。在高密度城市空间资源紧缺和土地成本高昂的背景下，高效、强连通的廊道集合是形成网络化生态空间的最基本要求，也是维持生态空间结构稳定的基本保障。

2. 新增节点生成

连通性优化的目标是将所有孤立的网络节点有效串联至最大子图，从而提升生态网络的整体连通性。通过社团挖掘分析，可以直观地识别被排除在主要社团之外的节点及其分布特征。结合最小生成树结果提取的生态廊道骨架，深入分析孤立节点的功能属性和位置特征，评估其对网络连通性和生态服务功能的潜在贡献。在此基础上，依据城市发展规划和生态用地适宜性，精准选定新增暂栖地的空间布局，优先在关键生态斑块之间构建功能性连接。新增暂栖地分为断裂型和加密型两类，分别针对生态网络的断裂和稀疏问题进行优化。图 5.10 中，编号为 9007、9011、9014 的暂栖地属于加密型新增暂栖地，其余为断裂型新增暂栖地。

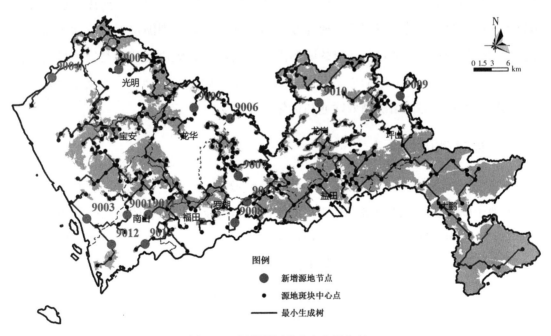

图 5.10　新增暂栖地节点空间分布

断裂型暂栖地通过连接孤立节点和修复生态廊道断裂,增强整体网络连通性,为生物迁徙提供基本的连通桥梁;加密型暂栖地则在已有网络中补充节点,提升局部密度,即现状网络中尽管已被最小生成树覆盖,源地斑块之间存在路径连接,但是连接的两端节点在结构中具有枢纽地位,尤其对于区域中心连接东部和西部组团的重要节点,此时需要适当增设暂栖地已加强连接,优化功能流动并分散迁徙压力。新增的两类暂栖地满足生物种群迁徙、栖息和繁殖的需求,并融入现有生态网络,形成整体连通的生态网络结构。

5.3.2 新增路径精准连接

根据最小生成树识别结果,精准搜索未形成有效连接的生态斑块之间的潜在廊道。结合深圳市城市土地利用现状及发展建设规划,科学评估生态修复区建设的可行性,最终确定廊道关键节点作为生态网络中的踏脚石。针对踏脚石斑块的立地条件,实施差异化保护与修复措施,以提升其生态稳定性和韧性。优先修复中东部踏脚石斑块数量减少区域,通过新增生态廊道实现与周边生态斑块的广域辐射连接,扩大生态系统规模,确保生物迁徙和资源交换的成功率。新增生态廊道的规划遵循"结构连通性"和"功能连通性"双重原则,结构连通性注重生态斑块之间的物理连接,通过优化道路、水体和绿化带等城市要素形成连续网络;功能连通性则侧重生态流动的路径和方向,保障生物种群、能量与物质的顺畅流动,促进生态斑块间功能交换。最终,优选兼具结构和功能协同效应的生态廊道,结合城市基础设施布局,最大化地提升生态服务功能,实现生态网络的高效联通和优化发展。

5.3.3 连通性优化结果

本章采用网络连接性(network connectivity)检验节点之间的联系情况,其通过判断最大连通子图的规模,从网络完整性和可达性的角度反映网络整体连通性。指标数值位于 0 到 1 之间,越高则认为网络连通性可提升空间越大,0 则意味着网络处于完全连通状态。网络连接性的公式表述如下:

$$LS = \max(S_1, S_2, \cdots, S_i) \tag{5.11}$$

$$n_c = 1 - \frac{LS}{LS_{max}} \tag{5.12}$$

式中,LS_{max} 为原始网络中的最大连通子图的节点数;S_i 为子图 i 所包含的节点数。

初始生态网络包含 386 个节点和 4910 条边,初始网络连接性指标为 0.0336,数值大于 0 说明存在孤立节点，网络处于非完全连通状态。通过在生态网络新增 14 个节点，新增连边 47 条，将其整合到初始网络中，优化网络中包含 400 个节点和 4957 条边，优化网络相比初始网络，n_c 指标变为 0，原孤立节点被有效消除，生态网络最大连通子图规模达到最大。优先将踏脚石斑块数量明显减少的中西部区域踏脚石斑块与周围的生态斑块形成大范围的辐射连接，拓展其规模，以确保生物迁徙及能量流通的成功率。同时，将增加中东部与西部巨型斑块的跨域联系，包括分布于东南部梧桐山脉、马峦山区域、大鹏半岛区域的斑块，通过维持或重构一些暂栖地，与网络中源地节点形成了有效连接，对于提高网络连通性具有重要的价值，满足自然生态系统连通性的要求。

从优化前后的生态网络主要参数对比可以看出，优化后的生态网络在性能上优于初始网络：

（1）源地节点覆盖率由 386 个增加到 400 个，经过优化节点覆盖范围明显增大，更多的栖息地加入连接有利于物种迁移和基因交流，有效提升生态系统的保育效能及生态服务功能可持续性。

（2）连边数增加了 0.95%，经过优化有效扩大节点之间的连接数量，相较于优化前，生态廊道总长度增加幅度约 0.24%。断裂型连边数的增加扩大了节点之间的连片范围，加密型连边数的增加则提升了整体网络的冗余度。

（3）最大连通子图规模从 373 增至 400，原有 3.3% 的孤立节点被消除，优化后的网络连通性显著提升。网络连通性的提升能够促进能量流动和物质循环的效率，在更大范围内实现生态系统整体稳定。

5.4　本章小结

优化生态网络结构与增强生境连通性作为城市生态安全的核心策略，不仅构成生物多样性保育的关键技术支撑，更是城市应对气候变化冲击、缓解生态链式断裂风险、实现韧性发展的重要保障机制。本章以深圳为案例构建了城市生态网络模型，对生态网络的层级结构和空间组织进行分析，并提出了一种基于强弱并济准则的优化方法，以提升生态网络的连通性和稳定性。

首先，结合生态网络节点网络拓扑计算特征和节点实际地理空间距离，建立了一种衡量节点重要性的指标。利用这一指标，我们分析了生态网络中基于关键物种及其链接桥梁的高等级节点分布。其次，对比基于模块度、信息论和团渗透算法的社团划分的方法，利用 Louvain 算法对生态单层网络进行社区空间组织结构特征进行分析，其中发现极小的社团和孤立节点降低了网络的连接性，接下来明确社团间的交互关系，揭示生态网络中的跨地域交流特征。最后，利用最小生成树算法，提取连接所有生态源地的最小阻力路径，形成城市生态网络的骨架结构，搜索待增加节点的空间落位，分别针对生态网络的断裂和稀疏问题，新增断裂型和加密型两类生态节点，为优化措施的制定提供了靶向指导。以深圳为实证研究对象，构建的城市生态网络存在连通性弱等情况，通过新增 14 个暂栖地节点，进而得到优化生态网络。

本章通过整合景观生态学原理与空间图论方法，阐述了城市生态网络分析优化范式，研究结果可为城市生态空间规划奠定坚实的基础。当前基于静态观测的增量式优化策略虽具操作便捷性，但在应对网络动态演化方面仍存在效率瓶颈。未来研究可着力构建智能优化算法与多目标协同优化框架：一方面，通过深度强化学习等智能技术模拟网络生长机制；另一方面，建立生态效益-经济成本-气候适应性的多维决策模型，从而实现生态网络优化从经验驱动向智能决策的范式转型。

第6章 社会子网络分析与减碳目标优化

全球气候变暖和碳排放等问题对人居环境和自然生态造成了不可逆的负面影响，成为世界各国共同面临的严峻问题和关注焦点。自 2006 年起，中国超越美国，成为世界上最大的 CO_2 排放国家。40 年来，随着城市化进程的加速和机动化水平的提升，城市的交通需求规模持续扩大。截至 2023 年 8 月，深圳市机动车保有量高达 411.83 万辆，驾驶人保有量约 674.90 万人，位于全国前列。交通领域碳排放约占总碳排放规模的 40%，已经成为全市主要的终端碳排放来源之一。

交通碳排放作为移动源碳排放，具有强烈的空间动态交互特性，由于出行行为的时空动态复杂性以及道路交通行驶工况的各异性，与固定碳源相比，其具有更明显的间歇性、流动性以及分散性，这些特征导致移动碳源在计量估算和分析优化方面面临巨大挑战。近年来，流网络研究的兴起为交通领域研究提供了全新分析视角。通过引入网络分析作为工具，不仅能够揭示城市内部各功能区之间的联系模式，还能帮助识别出在减少碳排放方面具有潜力的关键区域。本章结合城市出行流数据，构建出行碳排放网络，探索居民出行碳排放的空间异质性、潜力分区及社团结构特征，并以居住-就业网络为例，设定四种基本动力学机制，模拟不同低碳情景下的城市空间布局优化模式，最终遴选能够实现 10% 碳减排目标的政策组合优化方案(图 6.1)。

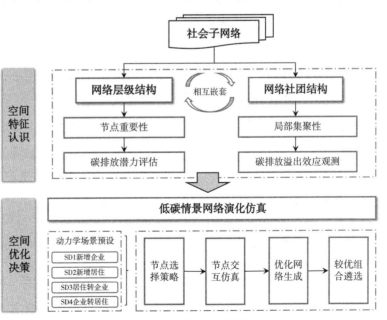

图 6.1 城市社会网络分析体系

6.1 社会网络层级特征分析

6.1.1 节点重要性指标

社会网络理论作为一门跨学科的研究领域，通过解析人类社会的网络结构和动态规律，为学者提供了深刻理解社会现象的新视角。社会网络理论描述了构成社交网络中的个体或者各个节点之间互动联系的结构和属性。其包含两大分析要素：关系要素和结构要素。关系要素关注网络节点之间的社会性互动，即通过密度、强度、对称性、规模等来说明网络互动的行为和过程。结构要素关注网络节点的位置，探讨两个或两个以上的行动者与其他节点之间的关系所折射出来的社会结构。关系要素和结构要素共同对信息的流动与个体间的社会关系有着重要的影响，并且决定了个体在整体网络中的地位和作用。基于微观层面，即节点个体的分析，有利于揭示网络结构的局部细微特征。

目前已有多种针对节点重要性的评估方法被广泛应用于社会网络分析。研究者通常关注信息传播、权力结构、社交影响力等（胡海波等，2008；陈占夺等，2013；宫晓莉等，2020）。接近中心性和介数中心性在社会网络中特别重要，前者衡量信息传播的效率，后者则衡量在不同群体之间起"桥梁"作用的节点。同时，社会网络中还常用特征向量中心性来识别与其他重要节点相连的关键人物，体现"社会影响力"。

本章以出行碳排放网络为例，尝试通过节点重要性指标揭示城市出行碳排放的空间分异特征，并且对各城市单元进行综合碳排放潜力评价。采用基于紧密度和集聚系数的综合判断方法，分别评估节点的局部和全局重要性。紧密度指标衡量节点与其他节点的可达性，反映其在网络中的连接效率；而集聚系数则用于评价节点在局部网络中的连接程度，考察其邻居节点间的紧密合作水平。最终根据低碳交通的特征属性，结合社会网络拓扑特征，构建碳减排潜力评估指标。

1. 网络节点中心性指标

本章从节点中心性视角对网络拓扑结构性质进行测度。其中，紧密度指标用于反映网络中的节点通过网络到达其他节点的难易程度，其值定义为某一个节点到达其他节点的距离之和的倒数。一个节点的紧密度越高，说明它与网络中其他节点的距离越近，越能够快速传播信息或影响其他节点(刘建国等，2013)。设网络具有 N 个节点，则节点 i 的紧密度 CC_i 为

$$CC_i = \left[\sum_{j=1}^{N} d_{ij} \right]^{-1} \tag{6.1}$$

式中，d_{ij} 为节点 i 和 j 之间的最短距离。

集聚系数(clustering coefficient)指标反映了节点与邻居节点之间互连的概率，用于衡量该节点的邻居之间彼此连接的紧密程度，计算基于一个节点的邻居节点之间实际存在的边数与可能存在的最大边数之比。集聚系数依赖图中连通三元组的枚举，而二分图中不能有三角形。因此，学者们对经典聚类系数捕获的特征提出二分网络中的扩展应用。在 Latapy 的二分网络集聚系数定义中，聚类系数的计算基于节点之间的"共邻居"关系。这种方法捕捉了二分网络中两个节点之间的关联性，即如果两个节点拥有一个共同邻居，它们之间连接的概率显著高于两个随机选择的节点。计算公式如下：

$$cc.\ (u,\ v) = \frac{|N(u)\ \cap\ N(v)|}{|N(u)\ \cup\ N(v)|} \tag{6.2}$$

式中，$N(u)$ 表示节点 u 的邻居集合；$N(v)$ 表示节点 v 的邻居集合。$|N(u) \cap N(v)|$ 是节点 u 和 v 的共同邻居的数量；$|N(u) \cup N(v)|$ 是节点 u 和 v 的邻居集合的并集的大小，表示总的邻域数量。

2. 网络节点碳减排潜力指标

识别碳减排潜力关键区域对于合理、有效地降低交通碳排放具有重要意义。通常可以从公平和效率两个角度对碳减排潜力进行测算，其中公平被认定为与绝对碳排放量相关，效率即在给定生产要素和产出水平下实现碳排放最小化。在真实城市出行系统中，居住节点的出行距离、网络组织特征可以用以反映碳减排潜力。更大的出行距离意味着居住节点产生更高的碳排放量，而网络中居住节点所处位置(即中心性)能够反映出该节点能否便利地到达其他潜在目的地，反映了居民出行的便利程度(Hong et al., 2023)。因此，以居住单元节点为研究对象构建碳减排潜力指标，计算公式如下：

$$ERPI_i = \alpha \times T_i + \beta \times CC_i + \gamma \times C_i \tag{6.3}$$

式中，$ERPI_i$ 为居住节点 i 的减排潜力指数；T_i 为节点 i 的平均出行距离，即导航数据中 OD 轨迹长度的平均值；α、β、γ 为指标权重；CC_i 为网络紧密度；C_i 为集聚系数。

6.1.2　社会子网络层级结构

深圳市作为中国改革开放的前沿阵地和全球化城市典范，其社会子网络展现出

复杂的层级结构，涵盖核心城区的高度集聚特性与边缘地带的功能过渡特征。这种层级结构不仅对职住空间分布及其功能联系产生了深远影响，也直接作用于城市交通碳排放的空间格局。本章综合紧密度、聚类系数与平均出行距离等指标，刻画深圳市居住节点的空间特性与碳减排潜力。本章所分析的出行内容涵盖居住地到企业、商业设施、公园等多种功能节点的联系，以期揭示城市功能分布对交通需求及碳排放的影响特征。

1. 紧密度和集聚系数

紧密度表示网络中某节点与其他节点之间的联系强度，数值越高，说明该节点在网络中与其他节点的经济或功能联系越紧密。通过自然断点法将 315 个节点的紧密度划分为三个等级，结果如图 6.2 所示。紧密度的最大值为 0.622，均值为 0.55。高紧密度的节点数量占据绝大部分，为 57.8%；中等紧密度节点的数量占比为 37.4%；低紧密度节点数量的占比仅为 4.8%。从空间分布特征来看，高紧密度节点集中在南山、福田、宝安等中西部核心区域，呈现出明显的核心-边缘空间结构，这些节点之间的联系紧密，低紧密度节点则多分布在城市中部和西部地区，形成了过渡地带。

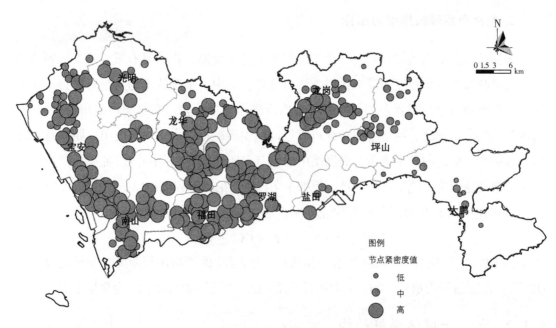

图 6.2　基于紧密度指标的居住节点重要性

聚类系数表示一个区域内节点之间互相连接的程度，结果如图 6.3 所示。整体来看，聚类系数的分布可以划分为三个等级，其中低聚类系数节点数量占 38.02%，中聚类系数节点数量占 49.52%，高聚类系数节点数量仅占 12.46%。网络中节点的聚集性存在显著差异，大部分节点的聚类系数处于中等水平；低聚类系数的节点分布较分散，这些区域的节点之间碳排放交互联系较弱；而高聚类系数的节点占比相对较少，主要集中在南山和宝安等中西部区域。

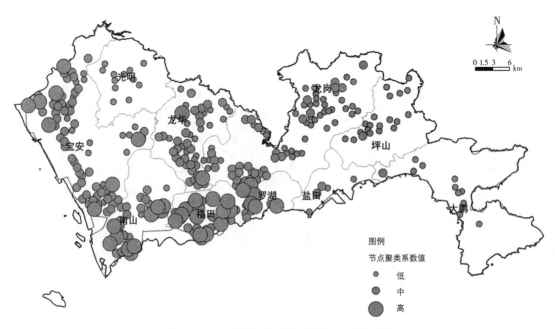

图 6.3 基于聚类系数指标的居住节点重要性

2. 平均出行距离

对深圳市居住区的平均出行距离进行计量，平均出行距离越大，则意味着所产生的交通碳排放量越大。通过自然断点法将 315 个节点的紧密度划分为三个等级，结果如图 6.4 所示，低平均出行距离节点(第一类节点)占 51.74%，中平均出行距离节点(第二类节点)占 45.39%，高平均出行距离节点(第三类节点)占 2.53%。第一类节点主要集中在深圳市的核心城区及周边地区，如福田、罗湖和南山等地。这些区域的交通网络较发达，公共服务设施密集，就业区与居住区的空间联系紧密，居民的平均出行距离较短。短距离的出行特点反映了城市核心区高度集约化的空间结构。第二类节点分布范围较广，既包括靠近核心城区的区域，也延伸至城市边缘的城郊接合部，典型区域如龙岗和宝安的部分地区。这一分布模式表明城郊接合部在为核心城区分担居住压力的同时，也存在一定的交通需求压力。第三类节点主要分布在深圳市的边缘地带，如东北部和东南部。这些区域的长距离出行特征反映了边缘居住区对中心城区资源的高度依赖，特别是在就业、公园设施等核心资源方面。本地化功能区不足，这种现象导致出行距离增加，同时显著提升了交通碳排放水平。综合来看，深圳市居住区的平均出行距离分布呈现由核心城区向边缘地带递增的特征，反映了城市空间功能分区和资源分布的差异性。

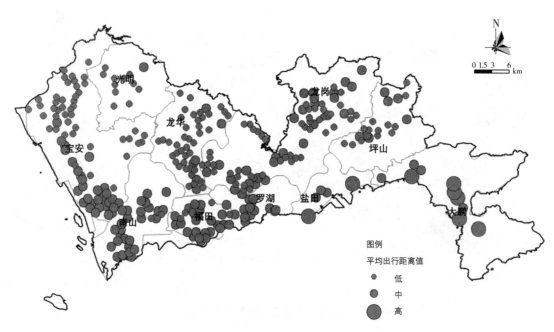

图 6.4 基于平均出行距离指标的居住节点重要性

3. 综合碳排放潜力分析

基于出行距离、紧密度和聚类系数三个指标，计算深圳市 315 个居住节点的碳减排潜力值，利用自然断点方法将潜力值划分为高、中、低三个等级（图 6.5）。低潜力单元共 197 个，中潜力单元共 104 个，高潜力单元共 14 个，减排潜力的差异性较大。居住节点碳减排潜力的空间分布呈现出"西低东高"的特点：中潜力单元和高潜力单元主要集中在深圳东部生态环境较好的区域，如大鹏、盐田、坪山和龙岗；中部和西部地区的城市开发强度较高，减排潜力普遍较低，如南山、福田、龙华和宝安等。

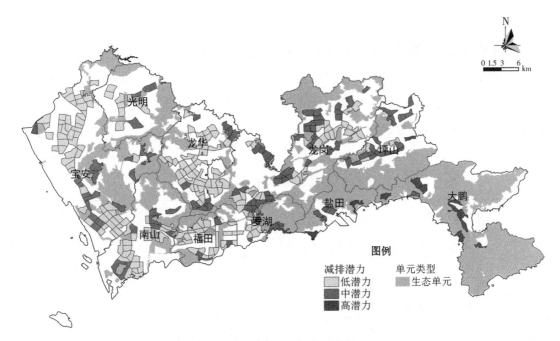

图 6.5　居住单元碳减排潜力评估结果

6.2　基于多层网络社区检测的特征分析

6.2.1　多层网络社区挖掘算法

现实网络的节点之间通常呈现出多种交互关系。例如 Facebook 网络中，用户之间存在关注、评论、转发等不同的交互类型。单层网络只能粗略地近似为这类系统，多层网络则可以耦合多类子系统及其交互关联，进行更准确的建模。多层网络具有多个种类，其中常见的有多路复用网络、时间网络、交互网络、多维网络等。多路复用网络也称为多重网络，它是所有层共享相同节点的多层网络；时间网络是用于表示动态网络每个时间快照的多层网络，每一层表示一个时间快照；交互网络是指不同层之间存在相互作用的多层网络。其中，每个节点最多只存在于一层网络中。一个多层网络可以被定义为

$$G_M = \{G_1,\ G_2,\ G_3,\ \cdots,\ G_L,\ E_M\} \tag{6.4}$$

式中，L 是总层数；E_M 是层与层之间的连边集合；$G_l = \{V_l,\ E_l\}$ 是第 l 层的网络，其中第 l 层节点的集合 $V_l \subset V$（$V = \{v_1,\ v_2,\ v_3,\ \cdots,\ v_n\}$），$E_l \subset V_l \times V_l$，是第 l 层网络的连

边集合。

　　根据多层网络的类型及其应用场景，社区发现的目标可以是结合其他层的信息对每一层网络分别进行社区划分，也可以是融合多层网络的信息获得节点的唯一社区划分结果。当前多层网络的社区检测分为两种，分别为基于聚合、基于拓展的方法。多层网络的社区检测方法如表 6.1 所示。

表 6.1　多层网络社区检测方法对比

方法	原理	优点	局限	层间相关性	适用网络
网络聚合	对每层网络进行加权聚合	操作简单，易实现	容易丢失信息，结果不准确	未考虑	层间差异性较小的网络
PMM	对每层网络进行社区检测，将其聚合，降维后使用 K-means 进行社区发现	能够容忍每层网络的噪声，具有鲁棒性	需要预先知道社区数量，结果不稳定	未考虑	层间差异性较小的网络
共识聚类	先对每层网络进行社区划分，然后计算每层的共识矩阵	实现简单，具有扩展性	容易丢失信息	未考虑	层间差异性较小的网络
ABACUS	先对每层网络进行社区检测，然后使用频繁闭项集算法进行聚合	实现简单，具有扩展性	未考虑层间相互作用	未考虑	层间差异性较小的网络
多层模块度	构建多层网络的模块度，是模块度优化方法的延伸	直观有效	参数较多，时间成本较高	设置参数表示层间耦合	不适用于规模较大的网络
CLECC	定义多层网络的节点聚类，然后进行聚类	步骤简便，实现简单	需要预设社区数量	采用多层邻域表示	层间差异性较小的网络
张量分解	将单层的谱聚类特征拓展于多层网络中	充分利用各维度的网络信息	当网络稀疏或者噪声多时，结果不准确	将时序多层网络定义为张量	动态网络、小规模网络
M-InfoMap 算法	单层的 InfoMap 算法拓展于多层网络中	结果较准确	只能获取每层的划分结果	构建跨层的随机游走和序列层次编码	规模较大的网络

1. 基于聚合的多层社区检测

基于聚合方法分为两大类，即网络聚合和划分聚合。网络聚合是指将多层网络转化为单层网络的操作，随后可运用单层网络上的社区检测方法开展社区检测工作。在网络聚合过程中，关键在于为新聚合网络中节点间的边赋予新的权重，主要包含两种基本策略。其中一种策略是，对于任意两个节点 u 和 v，如果它们在至少一层网络中存在边，那么在聚合网络的邻接矩阵 A 中，u 和 v 之间的连接值会被设定为 1。另一种是对邻接矩阵 A 进行加权，u、v 之间的连接权值设为它们在所有层上存在边的总数，即 $\widetilde{A} = \sum_{l=1}^{L} A$。这两种聚合策略是最基础的，一般作为比较实验的基线方法。Berlingerio 等（2011）基于共同邻居数越多、节点越可能处于同一社区的想法，提出了基于共同邻居数的多层邻接矩阵加权策略。该策略中，A 的计算如下：

$$A = \frac{|N_{u,l} \cap N_{v,l}|}{|N_{u,l} \cap N_{v,l}| - 2} \tag{6.5}$$

式中，$N_{u,l}$ 是某个节点 u 在 l 层上的邻居数量。此外，还有其他的加权聚合策略，如基于度中心性的方法等，但与式（6.5）相比，计算复杂度较高。

划分聚合是在每一层网络上单独进行社区检测，然后将所有层的社区划分结果进行聚合，主要算法包括主模块度最大化（Principal Modularity Maximization，PMM）（Tang et al., 2009）、共识聚类（Lancichinetti, Fortunato, 2012）、ABACUS（Berlingerio et al., 2013）等。

PMM 方法主要包括两个步骤：第一步是提取每层网络的模块度矩阵的特征向量并获得级联的向量，然后采用 PCA（Principal Component Analysis）得到一个较低维的嵌入，捕获网络所有维度（层）上的主模式；第二步是对所有节点的低维嵌入表示执行 K-means 算法，以找出离散的社区划分。

共识聚类（Consensus Clustering）方法是一种整合多个网络层（或不同条件下的网络）的社区结构，最终生成统一、鲁棒的社区划分方法。其核心原理是通过统计节点在不同网络层中的共现模式，提取稳定可靠的聚类结果，步骤如下：

（1）对每一层网络分别进行社区划分，得到每层的初步聚类结果。

（2）构建共识矩阵 A。定义一个 $N \times N$ 矩阵，其中 N 为节点总数。矩阵 A 的元素 A_{ij} 表示在节点 i 和 j 在所有 L 层网络中分配为同一社区的次数。除以总分配社区次数，得到的矩阵通常比原始网络的邻接矩阵更密集，因为几乎所有节点对可能在某一层网络中被分到同一社区。

（3）过滤元素。对共识矩阵进行过滤，去除权重低于阈值 t 的元素，阈值 t 的选择需要根据应用情况调整，并且要对噪声节点进行特殊处理。

（4）迭代应用算法。将过滤后的共识矩阵作为新的网络输入，再次重复上述三个步骤，直至共识矩阵收敛为一个块对角矩阵，其中块内权重为 1，块之间的权重为 0。此时的块对角矩阵为最终的社区划分结果。

ABACUS 是另一种基于划分聚合的方法，首先使用经典的社区检测发现方法，在每层网络上分别检测社区；然后将每个节点标记为由层号 l_s 及其在该层网络上所属的社区 C_s，k 组成的项（l_s，C_s，k）；最后应用频繁闭项集挖掘算法进行合并，得到最终的社区划分结果。

2. 基于拓展的多层社区检测

基于拓展的方法是指将单层网络的社区发现方法直接扩展到多层网络，这是目前多层网络社区发现的主流方向。主要分为基于多层模块度的方法、基于多层聚类的方法、基于张量分解的方法和基于多层动力学的方法。

（1）基于多层模块度方法。该方法是把单层的模块度优化方法拓展到多层网络上，最早由 Mucha 等（2010）提出。通过定义多层模块度来检测多层网络中的社区。算法中含有两个参数 γ 和 ω：γ 控制的是分辨率，即每层网络的社区规模和数量；ω 控制的是不同层网络之间的连接程度（若不存在层间连接，则 $\omega = 0$），最终每层网络得到一个划分结果。该算法中定义了多层网络的模块度，其计算公式为

$$Q_{\text{multislice}} = \frac{1}{2\mu} \sum_{ijsr} \left\{ \left(A_{ijs} - \gamma_s \frac{k_{is} k_{js}}{2 m_s} \right) \delta_{sr} + \delta_{ij} C_{jsr} \right\} \delta(g_{is}, g_{jr}) \tag{6.6}$$

式中，A_{ijs} 表示第 s 层网络的邻接矩阵；C_{jsr} 表示节点 j 在第 s 层和 r 层之间的耦合边；$k_{js} = \sum_i A_{ijs}$ 表示节点 j 在第 s 层上的度；$m_s = \sum_j k_{js}$ 表示第 s 层上的总边数；$C_{js} = \sum_r C_{jsr}$ 表示节点 j 跨越不同层的度；γ_s 表示分辨率，控制每层网络中的社区规模和数量；如果节点 i 和节点 j 的社区分布相同，则 $\delta(g_{is}, g_{jr}) = 1$，否则为 0。

（2）基于多层聚类的方法。这是将基于单层的节点聚类的社区检测方法拓展到多层网络，其核心是计算每一层中网络节点重要性指标及层间节点关联度，实现多层网络的社区划分。Bródka 等（2011）提出了利用跨层边聚类系数（Cross Layered Edge Clustering Coefficient，CLECC）检测多层社交网络中的社区，最终每层网络分别得到一个社区划分结果。该方法的思想是，节点之间的多层共同邻居数量越多，节点越可能在同一社区。CLECC 的定义如式（6.7）所示，表示为任意节点 u 和 v（u, $v \in V$）的共同多层邻居数与所有多层邻居数之间的比例。

$$CLECC(u,\ v,\ a) = \cfrac{\left| \phi(u,\ a) \cap \phi(v,\ a) \right|}{\cfrac{\left| \phi(u,\ a) \cup \phi(v,\ a) \right|}{\{u,\ v\}}} \tag{6.7}$$

式中，$\phi(\cdot,\ a)$ 为给定节点在至少 a 层上的邻居集合；a 参数值可以根据网络的密度差异进行调整。

（3）基于张量分解的方法。该方法原理是非负矩阵分解方法，已在单层网络中广泛应用，将矩阵拓展至多层网络中，采用张量表示多层网络的谱特征，通过张量分解实现多层网络社区划分。Esraa 等（2019）提出了一种基于张量的时域多层网络社区检测算法，用于识别和跟踪脑网络社区的结构。该框架研究跨不同兴趣区域（Region of Interest，ROI）构建的 fMRI（functional Magnetic Resonance Imaging）连接网络中社区的时间演变，使用张量的 Tucker 分解找到最能描述社区结构的子空间。

（4）基于多层动力学的方法。该方法是信息论的社区检测在多层网络上的拓展。M-InfoMap 是一种基于网络流压缩的方法，是 InfoMap 方法在多层网络的扩展（De Domenico et al.，2015）。该方法首先将多层网络表示为具有状态节点的多路复用网络，然后在网络中放置随机游走者，构造转移概率，在图上进行层内或层间随机游走生成序列，再对序列进行层次编码，最小化平均编码长度直到收敛为止。该方法最终使每一层网络得到一种社区划分结果。

6.2.2　社会网络空间组织

为深入挖掘深圳市出行多层网络社团结构，本章借鉴了 Mucha 等（2010）提出的 GenLouvain 算法。该方法适用于处理复杂的多层网络社区检测问题，能够更细致地揭示不同区域间多层节点的相互联系与群体特征。深圳市出行多层网络共划分为 4 个社区（图 6.6），模块度 0.228。其中，居住-商业网络中 4 个社区的节点数量分别为 93 个、122 个、116 个和 17 个，居住-公园网络中 4 个社区的节点数量分别为 129 个、163 个、140 个和 43 个，居住-居住网络中 4 个社区的节点数量分别为 86 个、104 个、86 个和 39 个，以上三类网络的社区分化现象较明显。居住-企业网络中 3 个社区的节点数量分别为 192 个、173 个和 193 个，不同社区的规模差异较小。

从节点规模来看，规模最大的社区存在于居住-公园网络，由图 6.6 可见，龙岗、盐田、坪山和大鹏内部形成的超大社区 2，在东部地区形成了公园服务的空间聚合体。从节点分布来看，居住-商业网络和居住-公园网络的社区集聚特征较弱，同一个社区内的节点分布相对分散；居住-企业网络和居住-公园网络的社区划分结果遵循地理邻近性，具有明显的区域集聚性，同一社区内的节点在地理分布上相对集中。通过识别不同出行网络的社区，可以了解出行联系及其碳排放特征，进而解释城市碳减排政策及相应的调控策略，如差异化分区管控和空间布局优化等。

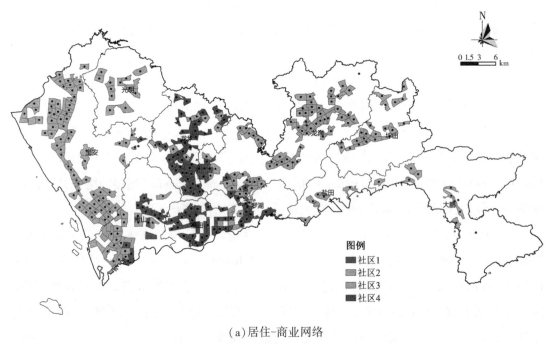

（a）居住-商业网络

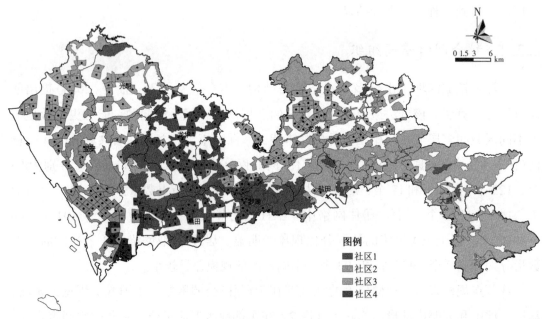

（b）居住-公园网络

图 6.6 深圳市出行分类型网络的社区结构（一）

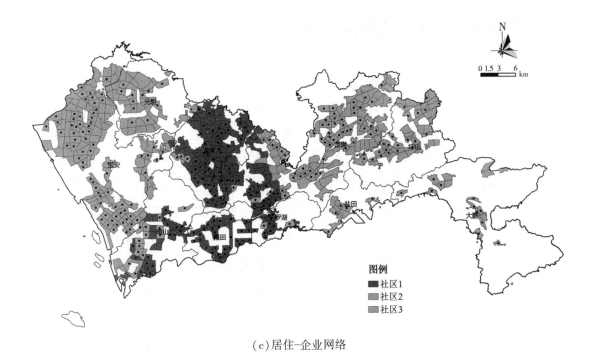

（c）居住-企业网络

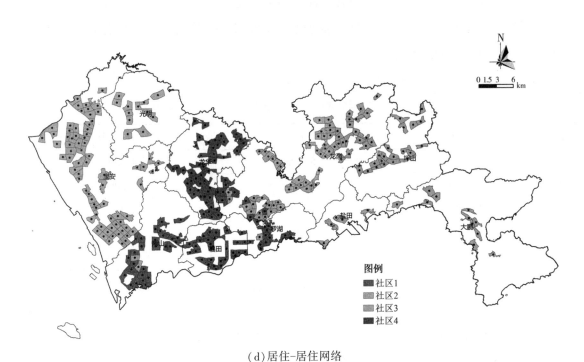

（d）居住-居住网络

图6.6 深圳市出行分类型网络的社区结构（二）

6.3 节点交互反馈作用的网络优化

温室气体是导致全球变暖和气候变化的重要诱因，对人居环境和自然生态造成了不可逆的负面影响。碳排放和大气污染物排放具有显著的同根同源性，交通领域碳排放约占深圳市碳排放规模的40%，并且已经成为全市最主要的终端碳排放来源；道路交通是两类排放共同的主要来源(表6.2)。通勤碳排放是交通碳排放的主要来源之一，深圳通勤碳排放总量与人均碳排放量在大湾区内均为最多，其总量超过大湾区的50%，处于高碳通勤模式。深圳中心城区通勤范围不断扩张，跨原二线关、跨市域边界出行持续增长。特区内90%的通勤边界已经拓展至20km的范围，未来深圳中长距离通勤出行的需求仍将继续增加，日益增长的通勤需求使得交通领域碳排放量也在同期不断攀升。作为国家首批低碳城市试点，近年来，深圳市通过政策推动、技术创新、出行结构优化、碳普惠机制等多方面措施，大力减少小汽车交通碳排放，显著推进了城市低碳转型与可持续发展进程。然而，其个体通勤行为所产生的碳足迹依然是巨大的挑战。深圳市在城市布局方面仍具有较大的可调配性和灵活性，优化城市空间形态有助于通勤碳排放的合理分配，对于推进经济发展与碳排放的脱钩、实现交通领域提前碳达峰具有深远的战略意义。

表 6.2 深圳市内碳排放和 $PM_{2.5}$ 相关污染物排放的主要来源

排放部门	碳排放占比	$PM_{2.5}$ 贡献
道路交通	51.8%	41.0%
非道路交通	13.2%	11.0%
电力热力	19.1%	8.0%
非能源工业	3.4%	15.0%
合计	87.5%	75.0%

数据来源：《深圳市碳排放达峰、空气质量达标、经济高质量增长协同"三达"研究报告》。

交通碳排放作为移动源碳排放，具有强烈的空间动态交互特性，与固定碳源相比，具有更明显的间歇性、流动性及分散性，这些特征导致移动碳源在计量估算和分析优化上面临巨大挑战。流网络研究的兴起为交通碳排放领域研究提供了全新分析视角，其中，网络动力学作为研究网络系统中节点和连边随时间或某种驱动力变化动态过程的科学方法，能够模拟系统的动态行为，为城市交通碳排放时空特征挖掘与仿真模拟提供一个极具潜力的应用工具。通过模拟网络在不同条件下的动力学行为，可以预测交通政策、城市发展对碳排放的影响，为优化系统提供依据。

本章选取出行碳排放网络（图 6.7）作为对象，采取复杂网络中自下而上的节点新增和转化机制，通过明确两类社会节点的交互规则和反馈调节机制，设定四类网络布局调控策略，具体流程可以分为节点选择、动力学过程、碳排放动力学模拟等步骤，最终将模拟结果与基线情景进行比较，遴选出能够实现 10% 碳减排目标的组合优化方案。

需要予以说明的是，本书对于居住-企业网络的碳排放量计算，采用碳排放系数法，利用城市居民出行轨迹数据和本地化碳排放因子库，构建基于道路类型、车速等级等参数的碳排放估算方法，公式如下：

$$C = \sum_{i,j} Q_{i,j} \times L_i \times f \qquad (6.8)$$

式中，C 为某一条出行轨迹的碳排放量；i 为道路类型，包括高（快）速路、主干路、次干路和支路；j 为车速等级，包括畅通、基本畅通和缓行；$Q_{i,j}$ 为车辆在 i 型道路上等级为 j 时的碳排放因子；L_i 为 i 型道路的长度；f 为通过该轨迹的车流量。

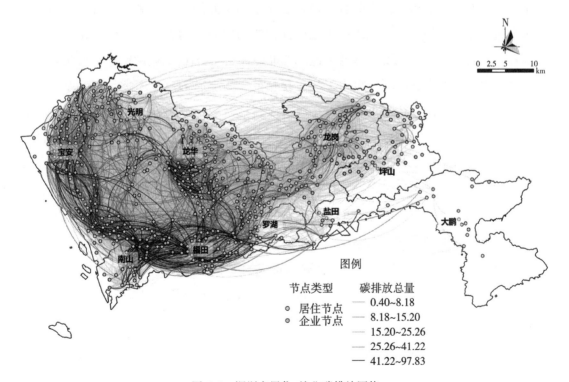

图 6.7　深圳市居住-就业碳排放网络

6.3.1 待仿真节点搜索策略

"职"与"住"作为城市最基本的功能，其相互关系反映了城市秩序与效率，是洞悉城市功能空间结构并揭示城市生长与演化规律的重要研究视域，深刻影响着城市人地关系的发展与走向。职住分离现象在当代大都市中日益凸显，这种状况因空间和社会资源的分配不均而加剧。职住分离导致的通勤路线主要集中于城郊"住"空间与6~8km外的中心城区"职"空间之间（王睿等，2023）。这种分离会造成通勤路线的重叠和短时集聚，从而增加交通拥堵和碳排放（Ong，Miller，2005）。从居住和就业用地功能调整的角度出发，缓解职住分离可以显著降低通勤出行的碳排放总量。首先，促进混合土地使用是解决职住分离问题的关键。通过在城市规划中将居住区与商业和就业用地相结合，创造混合功能区，可以使居民在附近找到工作机会，从而减少通勤距离，降低交通需求。在居民区附近发展就业中心，吸引企业在本地设立办公地点，创造更多本地就业机会，这样可以减少居民的通勤时间和距离。

本章从城市通勤空间布局合理性角度出发，对居住-就业网络结构进行调配。首先，需要预定义带仿真的网络节点，即参与布局调整的居住或就业节点集。节点选择策略的选择不仅影响仿真结果的有效性，也关系到研究的科学性和适用性。目前，大多仿真过程中节点的选择往往依赖于随机抽样或均匀分布的方式，可能忽视网络中关键节点的重要性，一定程度上降低了模型的准确性。在居住-就业网络中，待仿真节点的选择应以高交通量和高碳排放水平为主要特征。高交通量节点通常是通勤路径的集聚区，反映了较大的出行需求；高碳排放节点往往是职住分离严重的区域，其长距离通勤是碳排放的主要来源。这些节点因在网络中具有较大的减碳潜力而成为优化的重点目标。通过调整这些节点的职住布局或改善其出行模式，可以有效缓解交通拥堵并降低碳排放。在节点选择过程中，需要综合考虑网络拓扑特征与节点的外部属性，优先定位空间结构中处于关键位置、对整体碳排放影响显著的区域。具体而言，节点的度值反映了其在网络中的连通性，而碳排放量则体现了其优化的潜在价值。

因此，本章采用"度大优先"和"碳排大优先"相结合的策略，确保选取的待仿真节点既符合减碳目标，也具备显著的网络优化效应，从而提升仿真结果的科学性和适用性。

1. 节点度大优先选择策略

节点度是网络中节点连接性的量度，度高的节点通常在信息传播和资源流动中扮演着核心角色。选择度高的节点作为待仿真对象，可以更好地理解网络的整体行为，尤其是在出行网络中，这些节点往往代表重要的交通枢纽或高流量区域。针对网络中的每个节点 i，计算其度 d_i：

$$d_i = \sum_{j=1}^{N} A_{ij} \qquad (6.9)$$

式中，A_{ij} 为邻接矩阵的元素，表示节点 i 与节点 j 之间的连接关系（1 表示连接，0 表示不连接）；N 是网络中的节点总数。

计算完所有节点的度后，将它们按度的大小进行排序，得到一个节点度序列。根据节点度的大小选择前 M 个节点作为待仿真节点。

2. 节点碳排大优先选择策略

在出行碳排放网络中，减少少数高排放源的碳排放可以在总体上产生显著的减排效果，因此节点的碳排放量是衡量其对整体碳排放影响的重要指标。该策略选择碳排放量大的节点作为待仿真对象，聚焦于对整体碳排放贡献最大的部分。对于网络中的每个节点 i，其碳排放量 C_i 可以通过加权入度的方式进行计算：

$$C_i = \sum_{j \in N_i} w_{ji} \qquad (6.10)$$

式中，w_{ji} 是从节点 j 到节点 i 的边的权重，表示边的碳排放量；N_i 是所有连接到节点 i 的前驱节点集合。

同理，将节点按碳排放量的大小进行排序，得到一个碳排放量序列。根据碳排放量的大小选择前 M 个节点作为待仿真节点。

在居住-就业碳排放网络中，度值是衡量每个节点连接数量的指标。对于居住节点来说，度值表示其与就业地（企业节点）之间的通勤路径数量，反映了该区域的通勤需求，同时也可作为碳排放扩散能力的量化表征参数。图 6.8 呈现了两类节点在度以及碳排放量的数量统计特征，企业节点的平均度值为 105.131，明显高于居住节点（81.359）。企业节点在网络中与更多的居住节点相连接，在网络中具有更强的连接性和更高的碳流贡献。相比之下，居住节点的度值较低，表明单个居住地的通勤需求较集中。

居住和企业碳排放在深圳市表现出明显西密东疏的空间异质性。居住碳源排放量集中分布在城市核心区和外围新兴高密度居住区，呈现出集中性与扩散性相结合的特征（图 6.9）。从总体来看，宝安、龙华、龙岗等外围区域是居住碳源排放的主要贡献区域，承担 67.6% 的碳排放占比，其中宝安区西乡街道、沙井街道等城中村集聚区，日均碳排放量分别为 1.32 万吨、2.08 万吨，作为低成本住房供给的"空间阀"（Spatial

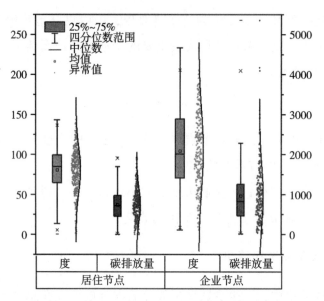

图 6.8 居住和就业节点度和碳排放量分布图

Valve），加剧了跨地域通勤的碳锁定效应（图 6.10）。然而，尽管这类区域碳排放贡献度较高，其实际上缓解了核心区居住成本的刚性约束，同时有利于将核心区的职住分离比例控制在合理的区间范围内。

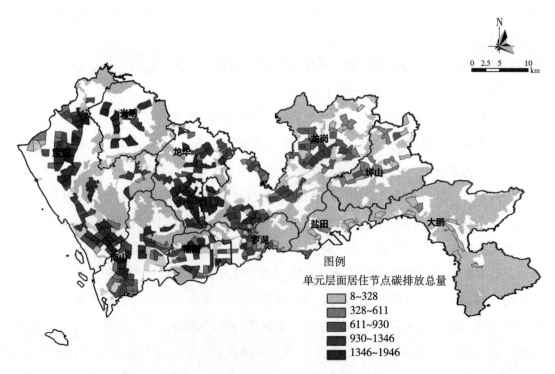

图 6.9 单元尺度居住节点碳排放空间分布特征

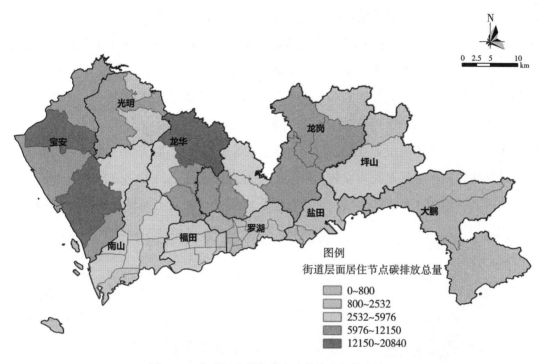

图 6.10　街道尺度居住节点碳排放空间分布特征

相比之下，企业碳源的空间分布呈现出更为显著的片状聚集特征(图 6.11)。南

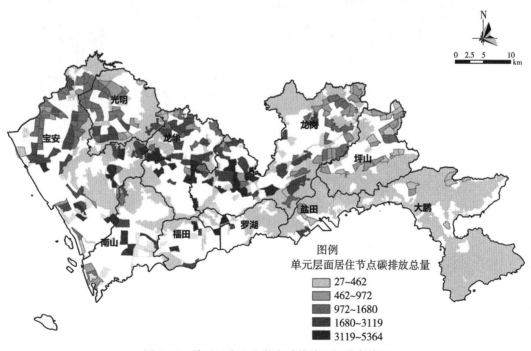

图 6.11　单元尺度企业节点碳排放空间分布特征

山、福田，以及宝安、龙华的产业园区是企业碳排放的主要来源。企业碳排放在空间上显示出明显的等级性，核心产业园区如南山科技园、留仙洞—尖岗山科技创新区的碳排放强度最高，这类知识密集型产业空间的集聚导致超规模经济效应却引发通勤网络的虹吸式重构。中心区外围的部分先进制造园区组成碳排放次极核，如光明区马田园区、龙华区大浪-清湖园区、龙岗区中部园区，其碳排放效率显著低于核心区并向外围逐步减弱。从街道尺度的统计分析结果来看(图6.12)，不同类型产业空间配置差异导致碳排放机制产生尺度效应反转，外围企业通过用地需求离散化引发的数量累积效应，使得其碳排放水平总体偏高，形成与核心区碳排放强度主导模式相异的"低效-广域"排放特征。

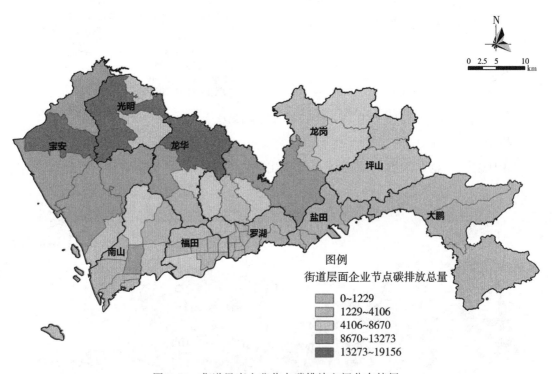

图 6.12　街道尺度企业节点碳排放空间分布特征

6.3.2　多情景节点动力学机制

1. 节点通用交互流程

居住-就业功能关系的表现形式是出行流，以就业活动的居民居住地为起点、就业地为终点,以居住地与就业地之间居民的就业出行作为边,以就业活动所产生的碳排放量作为权重。在进行动力学过程前,需要对节点的影响力进行限定,本章通过构建网络节点多级圈表示节点影响的实际场域,距离目标节点越近的区域,节点的影响力越大。对于碳排仿真,设定 4 个影响区域,分别以 1km、5km、10km 和 15km 距离为半径,圈定节点的影响区域,最内侧的影响区域是一个圆圈,第 2、第 3、第 4 个影响区域分别是从内向外的同心圆环。

假定现在有一个目标节点 n_{tgt},出行容量为 C,为所有企业节点碳排放量的平均值,从内向外逐个对 4 个影响区域进行遍历,目标节点 i 的出行容量 C 以 0.5、0.3、0.15 和 0.05 的比例分配给这 4 个影响区域,从这 4 个影响区域满足条件的某类节点集合中分别随机选择 0.5、0.3、0.15 和 0.05 比例的节点参与交互,将参与交互的节点简称为"交互节点" n_{inter}。

假定第 j 个影响区域的分配到的容量为 C_j,第 j 个影响区域满足条件的交互节点数目为 N_j。目标节点 n_{tgt} 与第 j 个影响区域的交互节点 n_{inter} 产生新边 e_{new},则新边 e_{new} 的出行容量为

$$C_{e\_new} = \frac{C_j}{N_j} \tag{6.11}$$

交互节点 n_{inter} 的出行容量 C_{n_inter} 计算需要区分两种不同情况:

(1)当目标节点 n_{tgt} 的出行容量转移给交互节点 n_{inter},交互节点 n_{inter} 的容量增加:

$$C'_{n\_inter} = C_{n\_inter} + C_{e\_new} \tag{6.12}$$

(2)当交互节点 n_{inter} 的出行容量转移给目标节点 n_{tgt},交互节点 n_{inter} 的容量减少:

$$C'_{n\_inter} = C_{n\_inter} - C_{e\_new} \tag{6.13}$$

2. 动力学情景预设

系统动力学(System Dynamics, SD)是一类直观简便的动态模拟方法,基本原理是分析系统内相互连接的要素随输入变量变化的行为及其对系统特性的影响。基于系统动力学逻辑,对居住-就业网络及其因果关系进行梳理,提出新增企业节点(SD1)、新增居住节点(SD2)、居住转企业(SD3)、企业转居住(SD4)四个动力学过程,模拟仿真居住节点与企业节点间的出行容量转移并计算优化网络的碳排放总量。

上述四种情景的实现均需依托城市发展的不同阶段与政策支持,通过空间功能调整优化职住关系,减少通勤距离、提升交通效率、降低碳排放量。在"新增企业"情景

下，典型的方式通过进行办公园区的本地及异地扩展，或"工业上楼"等方式提高土地利用效率，推动产业升级和经济发展；在"新增居住"情景下，通过城市更新、土地整备和保障性住房建设来缓解住房供需矛盾，促进区域职住平衡；"居住转企业"情景通过商住改工，将闲置商住用地调整为工业用地，为高质量项目提供载体，增强产业活力；"企业转居住"情景通过"商改住"等手段盘活商办用地库存，增加住宅供给以满足住房需求。

上述四种情景均通过优化产业和人口的合理布局，呼应产业集聚、社区开发、功能转换及产业迁移等调控政策，在缓解城市拥堵和通勤压力的同时，促进区域协调发展。四种情景通过不同的空间功能调整，优化居住与就业的匹配关系，以减少通勤距离、提升交通效率、控制碳排放量。上述情景分别呼应了产业集聚、社区开发、功能转换和产业迁移等空间调控政策（表 6.3），针对性的空间优化策略能够在不同城市发展阶段或区域特性下通过城市功能结构重组优化职住关系。

表 6.3　四类动力学释义

动力学类型	政策意义	具体释义	示意图
SD1 新增企业	工业园区扩展	引导新增企业向指定区域集中，以减少长距离通勤需求	
SD2 新增居住	新社区开发或居住区扩展	通过新增住宅区，引导人口向这些新区域迁移，同时促进新的就业-居住关系的形成	
SD3 居住转企业	功能转换或城市更新	将原有的住宅区转换为商业或工业用地，以适应城市功能的调整。例如，老旧社区的改造可以通过引入新的商业或办公楼宇，将部分居民转移到其他区域	

续表

动力学类型	政策意义	具体释义	示意图
SD4 企业转居住	产业迁移和区域再开发	应产业结构调整的需求，将某些工业或商业用地转换为居住用地，从而将企业迁出城市中心或密集区域，增加当地的居住空间	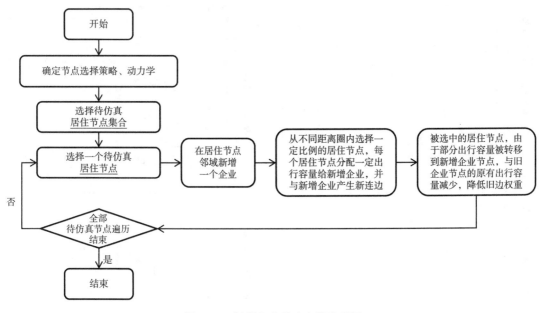

以新增企业动力学过程为例(图 6.13)，其核心算法包括三个步骤：

图 6.13　新增企业的动力学流程图

(1)选择一个居住节点，在该居住节点附近新增一个企业节点 n_q。

(2)新增企业节点的容量转移到不同影响区域中的待交互居住节点，新增企业节点与待交互居住节点产生容量为 C_{tsf} 的新边。

(3)待交互居住节点的部分原有容量 C_{tsf} 转移给新增企业节点，待交互居住节点与原有企业的连边权重需要降低。假定待交互节点的原有邻居企业节点数目为 N_q，那么待交互居住节点与某一原有邻居企业节点的连边权重 C_e 更新为

$$C'_e = C_e - C_{\text{tsf}} \times \frac{C_e}{\sum C_e}$$

6.3.3 减碳性优化结果

本章采用网络碳排放总量指标来衡量优化网络的低碳水平,以减少居住-就业网络权重总和(城市地区总体通勤碳排放量)为优化目标,通过修正实际职住供需关系与理想状态之间的偏差,从而实现通勤碳排放量减少的目标。现实中城市空间与功能重组与配置过程具有动态性、复杂性和耦合特征,为使寻优过程更贴近实际决策,通过合并策略对不同政策组合下的空间调控情景进行仿真,以节点变换量为单位步长,生成多情景目标函数曲线,实现优化方案遴选。测试结果如图 6.14 所示。

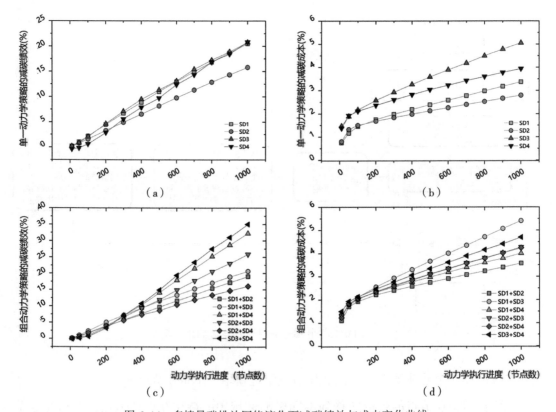

图 6.14 多情景碳排放网络演化下减碳绩效与成本变化曲线

(1)初始网络:居住节点数 3914,企业节点数 2842,连边数 5.43 万条。

(2)优化网络:采用单一策略网络动力学演化机制对网络演化过程进行模拟,并对 t 时刻下的网络碳减排比例和减碳成本指标进行统计。随着新增或变更节点数量的增加，出行网络碳排放总量降低。

　　基于图 6.14(a)、(b)的测试结果，在减碳目标前 10% 阶段，SD3(居住转企业节点)展现出最优边际效益，仅需更新约 400 个节点(占现状住宅节点的 10.2%)即可达标。SD1(新增企业节点)次之，说明新增企业节点可以有效地缓解部分城市地区居住密度过高导致的碳排放压力，尤其是在深圳一些就业需求旺盛但住宅密集的区域。SD2(新增居住节点)的减排效果在针对碳排放较大(前 2.5%)的就业密集区较为可观，而作用于中后段的就业区减排效率相对滞后。值得注意的是，SD4(企业转居住节点)在初期出现碳排放反弹现象，在达到后 10% 减碳目标后，随着仿真节点范围扩大，碳减排的边际效益提升。以网络拓扑重构变化量表示优化所付出的减碳成本，结果显示 SD1~SD4 分别在 500、600、400、500 步长时达到 10% 碳减排目标，其节点和边的变更比例分别为 239.10%、226.20%、326.30% 以及 303.90%，意味着存量盘活相较于增量式开发对于原网络的扰动相对较低，与 SD3 相比，SD1 能够在较低成本的规划调整下以较快速度实现目标。

　　本书尝试将增量开发和存量更新进行组合搭配，形成六种不同的组合策略，仿真模拟将按照 1∶1 的比例将待更新节点进行分配。结果显示(图 6.14(c)、(d))，采用混合策略实现 10% 碳减排目标的平均迭代步长较单一策略缩短 10%。在更新规模≤300 节点时，各组合策略的减排曲线呈现显著趋同性，其中 SD1+SD3(新增企业+居住转企业)表现出更强劲的减碳趋势，随着更新规模突破临界值(400 节点)，政策组合的空间适配分化效应开始显化，并且以相对稳定的速率维持上升，效果由好到坏分别为 SD3+SD4(居住转企业+企业转居住)、SD1+SD4(新增企业+企业转居住)、SD2+SD3(新增居住+居住转企业)、SD1+SD3(新增企业+居住转企业)、SD1+SD2(新增企业+新增居住)以及 SD2+SD4(新增居住+企业转居住)。进一步对比减碳成本，SD3+SD4 与 SD1+SD4 的在 10% 碳减排目标下优化效率相当，但后者的成本相较于前者降低 9.4%，与单一策略 SD1 相比达优进程提前，因此组合策略 SD1+SD4(新增企业+企业转居住)具备更优的低碳经济动力学属性。

6.4　本章小结

　　高密度城市的交通需求持续增长，使碳排放问题更加尖锐，在全球应对气候变暖和推动城市可持续发展的进程中不容忽视。城市形态和配置的土地利用模式直接影响居民的出行行为，并且与交通系统密切相关，因此构建低碳城市空间格局是推动城市绿色低碳发展的重要抓手。本章以深圳为实证研究对象，结合城市出行流数据构建了城市社会多层网络，深入探讨了居民出行碳排放的空间异质性和潜力分区，以及社团结构特征。

首先，通过分析网络的拓扑结构，识别了居住单元在网络中的重要地位，发现高网络中心性的节点主要集中在城市的核心区域，这些节点在城市交通碳排放中起着关键作用。其次，本章探讨了居民出行碳排放的空间分布特点，分析了不同区域间的碳排放差异，碳排放高发区域主要集中在城市中心和部分交通繁忙的节点，这些区域的优化措施对整体碳减排具有重要意义。通过对网络进行社团检测，识别城市内部具有相似出行模式和碳排放特征的功能区域，有助于理解城市内部的出行规律，预测碳排放趋势，并为制定有针对性的减排策略提供支持。

在此基础上，本章针对居住-就业网络锚定碳减排目标，着眼城市空间结构布局优化，提出了新增居住节点、新增企业节点、居住节点转企业节点、企业节点转居住节点四种动力学机制，模拟了不同空间功能调整方式对碳排放的影响。具体而言，新增居住节点机制通过在城市边缘或经济增长较快的区域新增住宅区，引导人口向这些新区域迁移，促进新的就业-居住关系的形成。新增企业节点机制通过在指定区域集中新增企业，减少长距离通勤需求。居住转企业机制通过将住宅区转为商业或工业用地，适应城市功能的调整，如老旧社团的改造可以通过引入新的商业或办公楼宇，将部分居民转移到其他区域。企业转居住机制通过将工业或商业用地转换为居住用地，将企业迁出城市中心或密集区域，增加当地的居住空间。模拟结果显示，这些机制能够在不同程度上降低城市交通碳排放量，特别是新增企业节点、企业转居住机制在碳减排方面的表现尤为突出。最后，将模拟结果与基线情景进行了对比，遴选出能够有效实现10%的碳减排目标的政策组合优化方案。

第7章 社会-生态层间网络分析与均衡目标优化

游憩绿地是城市重要的生态产品，也是一种共享而短缺的城市生态产品，存在不充足、不平衡的现象。层间网络分析与均衡性优化是研究多层网络系统中信息传递与资源调度的关键技术，能够量化和可视化游憩绿地供需之间的交互关系，揭示网络中信息交流和资源分配不平衡现象。

基于上文所构建的城市社会-生态网络，本章力求从个体与组织层面去探究层间网络的均衡结构，分析存在的主要问题，量化供需不均衡空间，并提出优化方案(图7.1)。从个体连接特征、组织集聚特征和局域网络增强方面开展层间网络的量化分

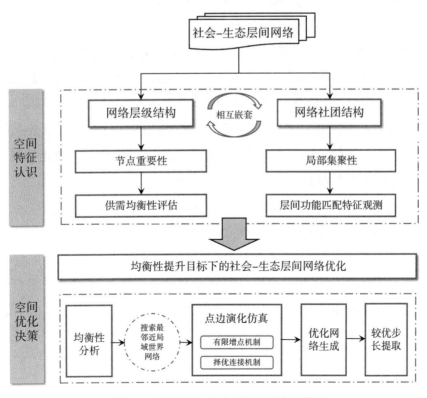

图 7.1 城市社会-生态层间网络分析体系

129

析，探索多层网络个体与组织之间联系模式，以网络供需关系均衡性优化为目标，通过新增供给节点，重点解决高需、低供的区域矛盾，实现网络负载的合理分布与资源的最优利用，缓和城市游憩绿地资源分配的偏差和不平衡性，在有限的空间和资源条件下提升高密度城市绿地的供给质量和可达性。

7.1 层间网络层级特征分析

7.1.1 节点重要性指标

本章构建的供需服务网络是一种典型的二分网络，由供给节点和需求节点两类异质节点构成，分别承载着提供与需求的功能特性。其中，供给节点为公园，作为提供生态服务、娱乐休闲和健康资源的重要空间单元，是满足居民生活需求的重要功能场所；需求节点为居住区，代表居民的生活地点，是对生态服务和休闲资源的主要需求来源。该网络的边表示居民从居住地出行到公园的供需关系，边的权重反映居民出行的人数、频率或由此产生的碳排放量等特征。通过二分网络的结构化表达，能够揭示供需系统中各节点的交互特征和作用机制。

在学界当前研究中，二分网络的节点重要性分析成为理解供需关系和优化资源配置的关键工具。与单层网络不同，二分网络中节点的重要性不仅取决于自身连接数量（如度中心性）、控制能力（如介数中心性）或影响范围（如特征向量中心性），还需要结合两类异质节点间的交互特征，综合考量供给节点的吸引力和需求节点的依赖程度。例如，在供需网络中，供给节点的重要性不仅与其连接的需求节点数量相关，还受到需求节点空间分布与对其依赖程度的共同影响。

为更好地揭示供需网络的结构和功能特征，本章选取了度和首位联系强度两类指标，以定量描述供需网络中节点的重要性特征。度指标作为一种经典的网络拓扑统计特征，能够简单而直观地衡量节点的连接数量，从而反映节点在网络中的基本影响力。而首位联系强度则聚焦刻画需求节点对其首要供给节点的依赖程度，具有明确的空间指向性和领域适应性，通过分析首位联系强度，可以揭示需求节点对供给节点的使用偏好和依赖关系。本章通过综合应用这两类指标，旨在深入探索供需网络中节点的重要性特征，揭示居住地与公园之间的供需关系，为供需网络的优化布局提供参考。

1. 节点中心性指标

层间网络的节点的重要性分析，其基本逻辑是判断节点间相互连接所体现出来的显著性，即"显著性等于重要性"，常用指标包括度、介数、聚类系数、特征向量等。其中，度是一项重要的统计特征，可简单、直接地衡量节点的连接数量，从而反映了节点在供需网络中的潜在影响力。度定义为节点的邻边数，即与给定 i 节点直接相连的节点个数，计算公式详见 5.1.1 小节。

2. 首位联系强度指标

首位联系度分析是一种经典的网络结构研究方法，定义为某供给节点的首位联系流入量与其 OD 总量之比，反映了各需求节点对其首位供给节点的依赖程度。其核心的思想是识别节点之间交互流量中的最大联系 OD，并通过对首位联系轴线进行可视化，分析首位联系的空间分布特征。根据不同的研究对象，首位联系强度被赋予不同的内涵，例如在交通领域，机场客流量与吞吐总量之比、港口集装箱运输量与吞吐总量之比，这些概念在本质上都反映了研究单元对其首位节点的依赖程度。

本章将首位联系强度作为分析供需网络节点重要性的分析指标之一，计算公式为

$$P_{ij} = T_{ij} + T_{ji} \tag{7.1}$$

$$R_{ik} = \max\left(\frac{P_{ij}}{O_i + D_i}\right) \tag{7.2}$$

式中，R_{ik} 是供给节点 i 的首位联系强度值，k 代表 i 的首位联系对象（即格网需求节点），$j=1,2,\cdots,n$；T_{ij} 和 T_{ji} 分别为供给节点 i 流向需求节点 j 的人流量，需求节点 j 流向供给节点 i 的人流量；O_i 和 D_i 分别为供给节点 i 的输出量和输入量。

7.1.2　层间网络层级结构

层间网络作为一种整合社会与生态的网络视角，其核心是从社会生态系统的互动层面上来考察人类活动与人地关系，对城市中亟待解决的某一特定问题或某一特定场景具有强的指向性。在空间管理政策中引入网络分析方法，有助于将管理政策工具与空间治理对象相结合，针对现状问题提出差异化和适应性的治理与管控政策。一方面从生态服务供给的角度优化社会-生态网络结构，在观察社会生态系统结构与功能的过程中探索城市资源的配置方案；另一方面从社会活动需求的角度，对社会行为进行引导与控制，对生态行为进行调节与改造，从而推动社会生态系统的协调耦合。本章基

于居民游憩公园所构建的供需网络，分别对供给节点的重要性和需求节点的均衡性进行了系统分析，探索生态服务供给能力与社会需求分布的匹配程度，并从空间维度揭示了供需错位的区域特征。

1. 供给节点重要性

1) 度重要性

供给节点度指与公园供给节点直接相连接的需求节点数，本章中运用 Z-score 标准化进行归一化处理，并将结果划分为三个等级(图 7.2)。从数值来看，155 个供给节点的度平均值为 0.06，低于 0.2 的低等级节点数 87 个，占比 56.1%，大于 0.5 的高等级节点数 27 个，占比 17.4%。空间上，高等级节点集中分布在福田、南山、罗湖、宝安南部等人口密集区。龙华北部、大鹏和坪山等地区的供给节点度数较低，这些地区人口密度分布稀疏，供给节点的吸引力有限。

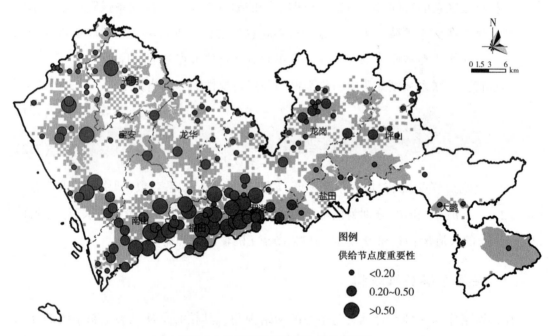

图 7.2　基于度指标的供给节点重要性

2) 首位联系数量与强度

根据首位联系度模型，如果一个供给节点较多地成为需求节点的首位联系节点，则说明该节点在网络中具有较强的影响力。因此，本章定义供给节点 i 的首位联系数量 SR_{ik}，表示首位联系为节点 i 的全部需求节点的总和，SR_{ik} 越大对网络节点的影响越大。

　　由图 7.3 可知，首位联系数量排序前五位的是凤凰山森林公园（133 对）、红花山公园（130 对）、塘朗山郊野公园（90 对）、龙华公园（82 对）、市民中心广场（73 对），共集合了 508 对，占总数的 28%；空间范围基本覆盖了深圳市西部和中部的大部分区域。其中，凤凰山森林公园数量最多，占总数的 7%，主要向宝安北—中—南三个方向呈扇状展开。其他公园供给节点的影响范围十分有限，59 个节点的首位联系数量为 1，服务能力具有明显的邻近效应。深圳东北部地区的首位联系主要汇集于龙园公园、龙城公园、坪山公园等区域性城市公园，这些公园的首位联系数量介于 20～30，体量上中等偏低，是次区域地域系统内部的枢纽节点。

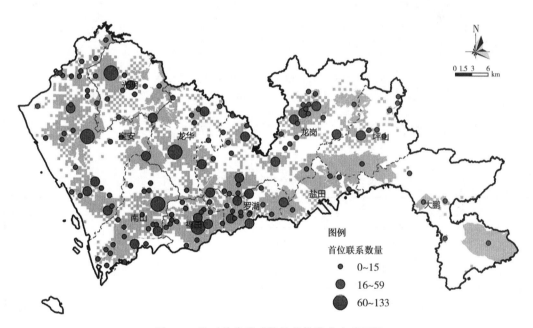

图 7.3　基于首位联系数量的供给节点重要性

　　为进一步从整体视角来反映供给节点的吸引力，在网络中找到与供给节点 i 首位联系最大的一个需求节点 j，将其定义为节点 i 的首位联系强度 MR_{ik}。由图 7.4 可知，首位联系强度的高等级节点主要分布在原关外地区，这些区域公园数量分布有限，很容易成为区域内需求节点的首选，在网络中的依赖效应明显。

　　3）综合重要性

　　根据研究区 155 个供给节点的度、首位联系数量和首位联系强度三项指标计算结果，采用加权求和计算各节点综合重要度。完成所有节点的综合重要度计算后，采用

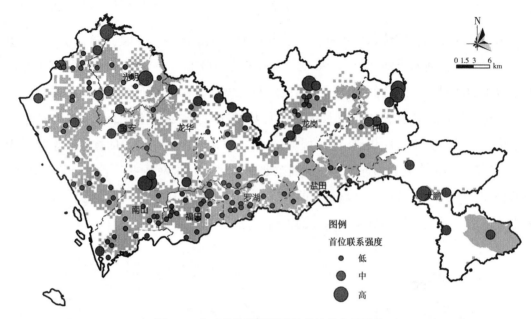

图 7.4　基于首位联系强度的供给节点重要性

自然断点法将节点综合重要度划分为 3 类，结果见表 7.1、图 7.5。

表 7.1　供需服务结构节点重要性类型统计

类型		类型 1	类型 2	类型 3
指标平均值	数量	106	37	12
	度指标	0.12	0.44	0.62
	首位联系数量	4	17	61
	首位联系强度	0.11	0.14	0.19

　　由表 7.1 可知，第 1 类节点有 106 个，占总数的 68.4%，该类节点的度指标、首位联系数量、首位联系强度等指标的平均值最小，其中首位联系数量仅为 4。第 2 类节点有 37 个，占总数的 23.9%，这类节点各项指标明显优于第 1 类节点，度指标和首位联系数量均有明显提升。第 3 类节点有 12 个，占总数的 7.7%，度指标平均值为 0.62，平均首位联系数量为 61，平均首位联系强度为 0.19，在整个网络中起到最重要的作用，这些供给节点包括凤凰山森林公园、红花山公园、银湖山郊野公园、塘朗山郊野公园、深圳中心公园、龙华公园、新桥市民广场、莲花山公园、红花岭公园等

（图 7.5）。

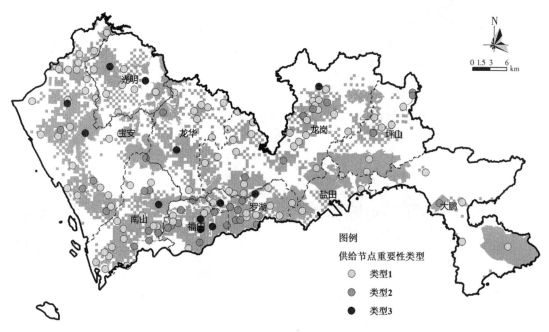

图 7.5　供给节点综合重要性等级空间分布

2. 需求节点均衡性

1）节点依赖

节点依赖是指需求节点对其首位联系供给节点的依赖程度。本章分别计算 1814 个需求节点的首位联系强度，将结果划分为强联系、次强联系、弱联系 3 种类型（图 7.6），整体上研究区以弱联系与次强联系为主。

（1）强联系，即首位联系强度指标大于 0.70，需求节点数 359 个，占比 19.8%，主要分布在光明、宝安和龙华中北部、龙岗和坪山中南部等地区，与区域内的公园供给节点形成强烈的依赖关系。

（2）次强联系，首位联系强度指标介于 0.35 和 0.7 之间，需求节点数 494 个，占比 27.2%，需求节点对公园供给体系产生了较强的依赖性。

（3）弱联系，即首位联系强度指标小于 0.35，需求节点数 961 个，占比 53.0%，集中分布在福田、罗湖、南山、龙华和宝安南部、龙岗中心区等，这些区域本身具有较高的公园覆盖度，对其首位联系公园节点的依赖程度不高。

若供给节点和需求节点双方互为首位联系，可将这种组合关系称为供需耦合联

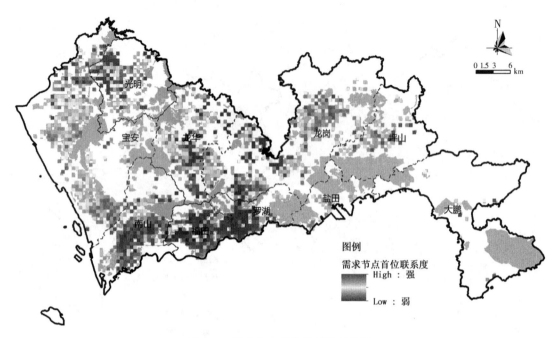

图 7.6　需求节点首位联系强度分级

系，反映了两个节点之间存在极强的共生依赖，这样的组合在研究区范围内中出现了66 对。通过计算节点间的直线距离，这 66 对耦合联系平均距离为 3.56 km，以短距离出行为主，空间上较少跨越行政区。同时，也出现距离较长的出行链，如盐田区的小梅沙生态公园、大鹏新区的观音山公园等，居民有持续长距离出行的预期，平均空间距离均超过 10km。

2）节点均衡

节点均衡是指从供需数量关系的角度出发，衡量各需求节点接受公园供给服务的均衡程度。本章以需求节点为分析对象，分别统计接受 155 个公园辐射的需求节点服务人数、需求人数（以常住人口为准），按人口规模分别进行服务与需求等级划分，结果如图 7.7、图 7.8 所示。

从供给的角度来看，超过一半的需求节点（52.29%）的服务人数低于 350，523 个需求节点（28.85%）的服务人数介于 351～700，121 个需求节点的服务人数介于 701～1200，仅 15 个需求节点（0.83%）的服务人数超过 2400 人。空间上公园服务热点区域位于福田—罗湖、南山中部、龙华和宝安南部等，具有一定的空间聚集性。

从需求的角度来看，研究区常住人口呈现分散化、组团化的分布格局，需求节点内常住人口数量大于 2500 人（供给的最高等级）的数量比例超过 60%，尤其是光明、

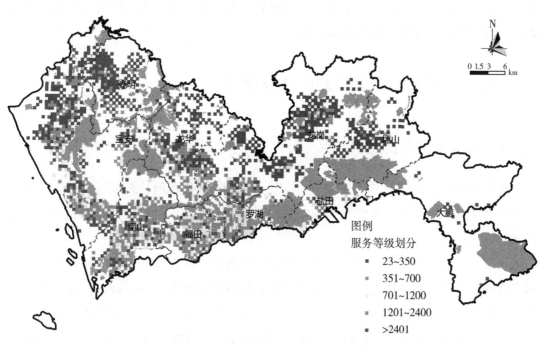

图 7.7　需求节点所接受的服务等级划分

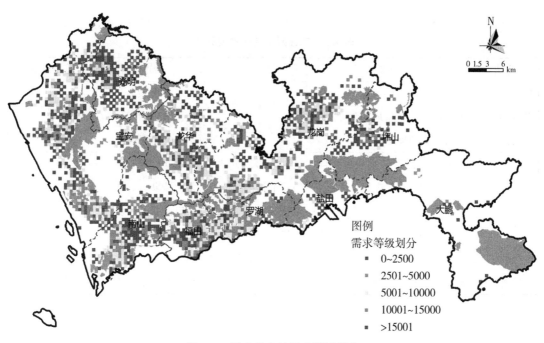

图 7.8　需求节点的需求等级划分

龙岗等地区的需求较大，但公园供给等级较低，出现生态系统服务供给与需求的空间错位，需要优化供需服务的空间均衡性。

7.2 基于二分网络社区检测的特征分析

7.2.1 二分网络社区挖掘算法

现实网络中节点的类型并不唯一，其中一类网络中存在两种类型的节点，且边只存在于不同类节点之间，这种网络称为二分网络，如科学家-论文合作网络、电影-演员网络等（Watts，Strogatz，1998）。目前二分网络社区检测有两种思路：一是投影法，二是直接法。投影法是将二分网络转化为单顶点网络，社区发现问题则转化为单顶点网络的社区发现，该方法包括加权投影和非加权投影两种方式（Guimera et al.，2007）。第二种为直接法，即直接在原始二分网络上进行社区发现。然而，投影法在实施投影操作时，往往难以避免信息的缺失，这一局限性在一定程度上制约了检测结果精准度。因此，学者基于直接法进行了社区检测方法的扩展，下面将介绍在直接法基础上扩展的三种多层网络社区检测算法（表7.2）。

表7.2 二分网络社区检测算法

方法	原理	优点	局限	适用网络
基于边集聚系数的社区检测算法	计算二分网络的四元组，划分社区结构，删除最小集聚系数并计算模块度	操作简单，能够较好划分社区结构	由于集聚系数局限性，不适用于结构不清晰的网络	社团结构较明显的网络
BRIM	构建二分网络的模块度矩阵，同时对两类节点进行社区划分	能够同时划分两类节点的社区结构	需要预设社区数量，结果不稳定	社团结构较明显的网络
LP-BRIM	构建二分网络的模块度矩阵上，引用标签传播算法	算法速度较快，效率较高	具有随机性，具有不稳定性	规模较小的二分网络
二分团的社区检测算法	基于二分网络的k-团，构建重叠矩阵实现社区划分	能够独立调整参数实现社区划分	不适用于网络结构稀疏的二分网络	规模较大的二分网络

1. 基于边集聚系数的社区发现算法

在现实的网络中，往往某个人同时认识的两个人之间很可能彼此也认识，这种特性称为网络的集聚特性，集聚系数就是用来衡量网络的这种集团化程度。在单顶点网络中，一个节点 i 的集聚系数 C 定义为其所有邻居节点之间实际存在的连边数与可能存在的连边数的比值：

$$C_i = \frac{\Delta_i}{\text{Tri}_i} \tag{7.3}$$

式中，Δ_i 是节点 i 与任意两个邻居节点构成的三角形数量；Tri_i 是节点 i 与任意两个邻居节点构成的三元组的数量，如果 i 的度为 k_i，则三元组数量为 $k_i(k_i-1)/2$，有 $0<C_i<1$。一个网络中所有节点集聚系数的均值就是该网络的集聚系数 C，$0<C<1$。当且仅当网络中不存在边，即所有节点均孤立时，有 $C=0$；只有网络是完全图，即所有节点之间均有连边时，$C=1$。

在二分网络中，集聚系数也有重要的意义。由于二分网络中不存在三角形，最小的环为四边形，因此提出了基于四元组的集聚系数。二分网络中节点的集聚系数应为包含该点的实际四元组个数与可能数量的比值，并且每个节点 i 的一对邻接 m、n 对该节点的集聚系数贡献如下式所示。

$$C_4(i, mn) = \frac{q_{i,mn}}{(k_m - \eta_{i,mn})^2 + q_{i,mn}} \tag{7.4}$$

式中，$q_{i,mn}$ 为包含 i、m、n 的四元组个数，$\eta_{i,mn} = 1 + q_{i,mn}$。节点 i 的综合集聚系数则等于其所有成对邻接节点贡献值的分子与分母分别求和后的比值。

二分网络的边的集聚系数可以参照节点的集聚系数定义，单顶点网络中边集聚系数的定义为网络中包含某条边的三角形数量与所有可能的三角形数量的比值。由于二分网络中并无三角形结构，二分网络借助单层网络边集聚系数的定义，首先定义了基于三元组的同类节点相似度，然后计算三元组的边集聚系数 LC_3：

$$\text{LC}_3(i, X) = \frac{1}{k_i + k_X - 2}\left(\sum_{m=2}^{k_X} \frac{t_{mi}}{k_m + k_t - t_{mi}} + \sum_{N=2}^{k_i} \frac{t_{NX}}{k_N + k_X - t_{NX}}\right) \tag{7.5}$$

式中，k_i、k_X 为节点 i、X 的度；m 为节点 X 的除 i 外的邻居节点；t_{mi} 为节点 m 与 i 构成的三元组的个数，即二者的共同邻居数量；N 为 i 的除 X 外的邻居节点；t_{NX} 与 t_{mi} 定义类似。

基于四元组定义边集聚系数 LC_4：

$$\text{LC}_4(i, X) = \frac{q_{i,X}}{(k_i - 1)(k_X - 1) + k_i^{(2)} + k_X^{(2)}} \tag{7.6}$$

式中，$q_{i,X}$ 为包含 (i, X) 的实际四元组个数，分母表示可能为四元组的数量；$k_i^{(2)}$ 为节

点 i 的二级近邻(即邻居的邻居)的数量。

LC$_3$ 与 LC$_4$ 分别是基于三元组与四元组定义的边集聚系数,表征的是连边两端节点间的紧密程度。根据社区的概念可以推断,一条边的两端节点如果在同一社区内,则其边集聚系数应该较高,否则作为两个社区之间的连边,其集聚系数应较低。因此,边集聚系数 W 可用于网络的聚类分析,基于四元组的二分网络社区划分算法步骤如下:

(1)首先计算网络中所有边的集聚系数,并计算网络未划分状态的模块度。

(2)删除集聚系数值最小的边,如果有多条则随机选取其一,之后重新计算网络的模块度。

(3)如果新的模块度值比之前高,则重新计算所有边的集聚系数并重复步骤,否则认为模块度已达到最大值,算法结束。

该算法在现实与人工的二分网络中进行了验证,发现由于边集聚系数定义的局限性,只有在社区结构较明显时才能获得良好的效果。

2. 模块度优化的划分算法

单层网络常用模块度函数作为评价社区划分质量的标准。在二分网络中,同样需要一个评价社区划分的指标。Baber(2007)将模块度推广到二分网络上,提出了 Q_B。Q_B 的计算公式如下:

$$Q_B = \frac{1}{M} \sum_{i=1}^{p} \sum_{j=1}^{q} \left[a_{ij} - \frac{k_i k_j}{M} \right] \delta^{i, j+p} \tag{7.7}$$

式中,M 为二分网络的总连边数;p 为节点集合 U 中节点总数;q 为节点集合 V 中节点总数;a_{ij} 为 $U{\times}V$ 的邻接矩阵;k_i 和 k_j 分别为节点 i 和 j 的度数;δ 函数表示节点 i 和节点 $j+p$ 是否属于同个社区,属于同个社区值为 1,否则为 0。

与此同时,Baber(2007)也提出了 BRIM 方法用于优化二分网络模块度 Q_B。BRIM 方法沿袭了单层网络的模块度矩阵定义,该矩阵特征与网络模块化结构有着重要联系。BRIM 方法的特殊性在于它可以充分利用二分网络本身的结构特性,同时对两类节点进行社区划分。BRIM 算法分为 4 个步骤:

第一步是定义二分网络的模块度矩阵。构建表示两类节点连接关系的邻接矩阵与零模型进行对比。

第二步是采用奇异值分解模块度矩阵。将二分网络的非对角矩阵分解为对应两类节点的奇异向量矩阵 U 和 V。

第三步是节点社团归属划分。初始阶段把二分网络节点随机分配到不同社团中。每个节点具有对应的奇异向量值,根据节点对应的奇异向量值,对二分网络节点的进行社团分配。

第四步是模块度迭代优化准则,将模块度作为目标函数,在迭代过程中要求社团划分实现模块度最大化目标,模块度值越大表示划分效果更佳。

优化 Q_B 是一个 NP-hard 问题(Baber,2007),所以一些启发式的方法应时而生。Zhang 等(2015)提出了一种改进的遗传算法,它通过最大化 Q_B 来获得网络的划分。他们的研究成果还表明普通简单网络和加权网络可以转化为二分网络。然后可以使用二分网络上的社区检测算法来解决简单网络和加权网络上的社区检测问题。为了应对大规模网络带来的挑战,Liu 等(2010)综合了 BRIM 和简单网络上标签传播算法的优点,继而提出了算法 LP & BRIM。此类方法能够同时将两类节点进行社区划分,但是在算法初始化中需要预设社区数量,然而实际网络中社区数量很难确定,而且不同数量会导致不同的社区划分结果。

3. 二分团的社区划分算法

该方法原理是基于单层网络的 k-团概念构建并定义二分网络的 k-派系。Lehmann 等(2008)拓展了单层网络中的 k-派系概念,提出了二分网络中的二分派系(Biclique)的概念:$K_{a,b}$-派系由多个相邻的 $K_{a,b}$ 构成,是指包含 a 个 X 类节点与 b 个 Y 类节点的全连接二分子图,任意 $K_{a,b}$ 之间至少共享 $a-1$ 个 X 类节点与 b 个 Y 类节点。依据二分团的概念,进行二分网络社区的划分。该算法分为 3 个步骤:

第一步是给定参数 a,b 的值,计算网络中所有的 $K_{a,b}$-派系。

第二步是建立两个二分派系的重叠矩阵 L_a 与 L_b,通过矩阵运算得到网络的全派系重叠矩阵 L。

第三步是通过 L 的计算得到具有重叠性的网络社区结构。

该算法继承了派系算法能够合理划分重叠社区的优点,同时还有自身的特色,能够通过独立地调整参数 a,b 的值,对二分网络中的社区结构加以系统的研究。

7.2.2　层间网络空间组织

本章构建的层间网络是一类典型的二分网络,网络中会存在一些重叠节点(over-lapping nodes),该节点会同时属于多个社区。例如,在社会网络中,个人可以属于多个社交圈子;在技术网络中,组件可能参与到不同的功能模块;在生物网络中,物种可能会跨越不同的生态位或食物链层级。因此，在设计和分析这类网络时，既要考虑节点异质性，即每个节点在网络中具有独特的属性、角色和影响力，也要重视节点重叠性，即存在重叠节点，这些节点同时隶属于多个社区。

在二分网络中，节点异质性的考量意味着理解每个节点的独特性和它们对整个网络结构与动态的影响。某些节点可能由于其高连通度或特殊位置成为信息扩散的关键枢纽，或是资源流动的控制点，而其他节点则可能起到辅助作用，维持网络的稳定性和多样性。与此同时，节点重叠性的引入增加了网络模型的真实性和复杂性。重叠节点的存在使得原本孤立的子网得以互联，增强了系统的鲁棒性和适应能力。这些节点充当了不同社区间的桥梁，促进了信息、资源甚至创新性跨社区传播，对于保持网络的整体连通性至关重要。

本章采用经典的 Bron_Kerbosch 算法挖掘网络中的最大团，结合派系过滤算法的思想，尝试对模块度和隶属度函数进行改进，分为三个基本步骤：

(1)最大团分解及其相似性合并，从原始二分网络中提取极大完全二分子图，通过定义二分最大团相邻关系，将具有相邻关系的最大团进行合并，产生关于重叠社区结构的团组。

(2)孤立节点社区归属度划分，基于隶属度传递(连边权重最大准则)的思想，对于未归类的节点选取隶属度最大的社区，以实现对全部节点的社区划分。

(3)模块度最优判定准则，将模块度作为目标函数，要求社区划分时模块度数值最大化，模块度值越大表示划分效果更佳。采用 Barber(2007)提出的二分模块度计算方法划分社区。给定二分网络 $G(U, V, E)$，设二分网络的顶点分别为 $U=(u_1, u_2, u_3, u_4, \cdots, u_m)$ 和 $V=(v_1, v_2, v_3, v_4, \cdots, v_n)$，具体计算公式如下：

$$Q = \frac{1}{M} \sum_{i=1}^{m} \sum_{j=1}^{n} (A_{ij} - P_{ij}) \delta(x_i, y_j) \tag{7.8}$$

式中，M 为节点集合 U 中节点总数；n 为节点集合 V 中节点总数；A_{ij} 为 $U \times V$ 的邻居矩阵；P_{ij} 为节点 i 和节点 j 之间连边的期望 $\left(\frac{k_i \times k_j}{2m}\right)$；$\delta$ 函数表示节点 i 和节点 j 是否属于同一个社区，属于同一个社区值为 1，否则为 0。

通过二分最大团社区挖掘算法，将深圳供需服务网络划分为 16 个社区(7 个大型社区及 9 个小型社区)，模块度为 0.558，表明网络本身具有显著的社区结构特性(表7.3)。其中，7 个节点规模大于 100 的大型社区基本覆盖了研究区，包含节点数 1651个(占全部节点的数量比超过 80%)，其中覆盖供给节点 123 个，需求节点 1528 个。此外，社区结构中存在重叠节点52个(包括供给节点8个、需求节点44个)。

表7.3 供需服务网络社区结构统计

类型	节点数量		包含的供给节点数	包含的需求节点数
	数量	比例(%)		
社区1	827	42.00	64	763
社区2	213	10.82	11	202
社区3	157	7.97	2	155
社区4	125	6.35	3	122
社区5	119	6.04	12	107
社区6	110	5.59	15	95
社区7	100	5.08	16	84
社区8	56	2.84	4	52
社区9	50	2.54	3	47
社区10	40	2.03	6	34
社区11	30	1.52	2	28
社区12	20	1.02	2	18
社区13	20	1.02	—	20
社区14	19	0.96	5	14
社区15	16	0.81	1	15
社区16	14	0.71	1	13
其他	53	2.69	8	45
合计	1969	100	155	1769

在模块度最优条件下，本章构建的供需服务网络社区划分结果所对应的(a, b)值为$a=3$，$b=13$。如图7.9所示，研究区社区1规模最大，包含节点数827个，节点数量占比42.00%，其中供给节点64个、需求节点763个(不含重叠)，空间上涵盖了南山、福田、罗湖、盐田等行政区范围，也涵盖了宝安南部、龙岗和龙华局部区域。社区1是一个超大型社区，内部节点规模极大，供给与需求之间联系十分密切，节点之间相互耦合，形成了一个局部集聚体。社区12—16的节点规模均未超过20，是规模

极小的社区，空间上夹杂在大型社区边缘，空间组织上相对独立。

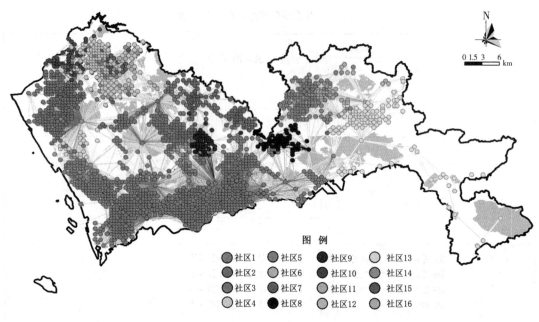

图 7.9　供需服务网络的社区划分

社区 1 与其他社区的联系数量为 140，社区 2 与其他社区的联系数量为 127，社区 3 与其他社区的联系数量为 114，社区 4 与其他社区的联系数量为 243，社区 5 与其他社区的联系数量为 141，社区 11 与其他社区的联系数量为 131，社区 12 与其他社区的联系数量为 110，社区 14 与其他社区的联系数量为 184，其余社区的联系数量较少。

社区之间的连边数仅 785 条，存在于 36 个组合之间。社区之间平均连接数仅 22 条，其中 16 个社区组合下连边低于 10 条，社区之间的衔接整合能力有限。社区之间联系最紧密的是社区 4—社区 14(131 条)、社区 5—社区 11(105 条)，分别位于光明中心区和龙岗中心区，2 个社区距离较近，形成良好互动关系。超大社区 1 共与 9 个社区之间存在连接，其中与社区 13 和社区 16 连接数量较多，分别指向宝安和龙华方向，呈现较好的互动关系。

根据社区空间位置将其抽象、简化为相应的中心点，中心点大小代表社区规模的大小；不同社区间连线的粗细代表联系紧密程度强弱，结果如图 7.10 所示。整体来看，层间网络的组织模式可表述为：形成多组团布局，由南向北扩散并逐步减弱的放射型模式，若干大斑块和围绕大斑块的多个小斑块构成整体结构。

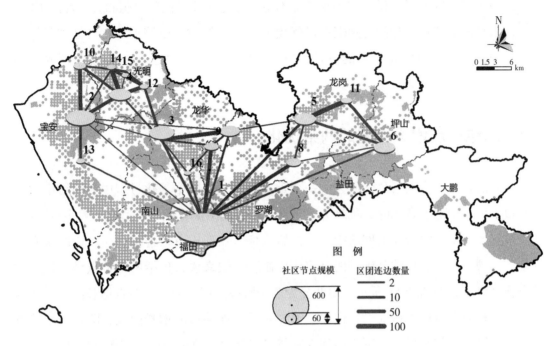

图 7.10 供需服务网络的结构简化示意图

将供需网络的结构与国土空间规划中的空间结构进行比较,主要目的是探索城市资源供需互动关系与规划目标之间的匹配程度。供需网络体现的是实际运行状态,而国土空间规划中的空间结构则是基于功能分区、社会发展目标和生态环境保护制定的理论框架,两者既有共性,也可能存在差异。供需网络的社团划分结果在一定程度上与《深圳市国土空间总体规划(2021—2035 年)》的空间结构相契合。社区 1 覆盖了南山、福田、罗湖和盐田等中心城区,并延伸至宝安南部和龙华部分区域,与深圳"一核多心"的空间发展格局高度一致;社区 4 与社区 14 紧密联系于光明中心区,社区 5 与社区 11 联动于龙岗中心区,符合国土空间规划中对区域中心强化的布局要求。同时,网络的放射型扩散模式也与深圳"中心集聚、外围疏散"的发展策略具有一致性。

然而,供需网络和国土空间规划在空间组织上的差异也值得关注。规划结构强调资源均衡配置,力求实现"公平性、可达性与效率"的目标,但供需网络中表现出的联系密度和强度则显现出一定的不均衡性。社区 1 作为超大型社区,聚集了超过 42% 的节点,并与多个社区保持紧密联系,反映出核心区域对资源的过度集中;而社区 11 至社区 16 等小型社区,节点规模不足 20,边缘化特征显著,与其他社区联系较少,空间组织较独立。供需网络的现状在一定程度上反映了资源配置不均和区域互动不足的问题。一方面,中心城区的供需互动效率较高,但可能存在资源过载的风险;另一方面，外围小型社区的资源供给与需求匹配不足，可能导致居民获得感和公平性的下降。因此，未来需要在资源分配与功能布局优化上进一步努力，以缩小现状与规划目标之间的差距，推动深圳供需关系的可持续发展，实现规划中的公平与高效兼顾的空间愿景。

7.3　局域增点增边准则的网络优化

网络演化是当今网络科学研究的一个重要领域。在网络演化过程中，网络中的节点和边都可以增加或者删除，称之为基于点、边的网络演化模型，适用于大多数网络。任意节点的产生一定会加入网络中，与初始网络节点形成有效连接，而且连接是有选择性的。网络演化建模的基础是网络演化机制，一般来说，包括网络节点增长机制和节点连接机制，如图 7.11 所示，因此分为两个阶段。第一阶段：节点增长阶段，依据均衡性分析对节点增长情况进行模拟。第二阶段：连接边的增长阶段，随着新增节点加入初始网络，与其局域范围之内的现有节点连接边的数量会以一定概率增加。

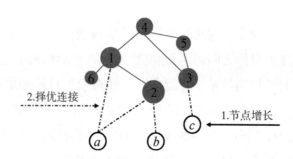

图 7.11　网络结构优化的两个阶段

7.3.1　基于供需均衡的节点生成

从关注"使用者的需求"的角度进行网络优化模拟。从数量的角度来看，生态系统服务的需求方与供给方之间存在十分复杂的非线性关系，且这种关系处于不断变化状态。从空间的角度来看，在自然生态系统服务流向人类社会系统的动态过程中，如生态服务供给不足、存在需求覆盖的空白区域，或生态服务供给被过度消费、存在服务重叠的冗余区，都将导致供给与需求存在空间分异，需要进行有效的生态系统管理，将生态系统服务信息更多地融入管理实践中，真正提升生态系统服务的供给和需求的空间匹配程度(严岩等，2017)。

保障游憩供需关系均衡是体现生态空间公共产品服务公平性的重要内容。空间均衡还是失衡，主要通过供给能力和需求强度的区域对应关系来反映，当供给能力与需求强度相当时，区域总体上是均衡的(张玉泽等，2016)。在本章的研究中，为了更好地匹配供给节点和需求节点之间的路径流量，主要的优化方向是识别高需求、低供给的居住区需求节点，通过在周边增补供给绿地，降低这些居住区游憩需求的压力。

1. 需求缺口分析

以需求节点为分析对象，从供需数量关系的角度，采用区位熵法(Location Quotient, LQ)来分析现状结构的供需关系(图 7.12)。区位熵的概念最早用于分析区域产业是否集聚，区位熵值越高，地区产业的集聚水平就越高。不失一般性，区位熵可以衡量某一区域要素的空间分布情况的方法，以此来评价公共设施服务的公平性。借鉴区位熵概念，以需求节点为基本分析单元，定义服务区位熵的计算公式为

$$LQ_i = \frac{\dfrac{S_i}{D_i}}{\dfrac{S}{D}} \tag{7.9}$$

式中，LQ_i 为 i 需求节点区位熵；S_i 为第 i 个节点接受公园服务的人数(即供给水平，

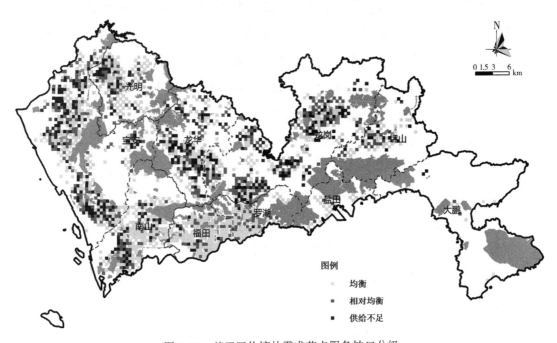

图 7.12　基于区位熵的需求节点服务缺口分级

以手机信令 i 节点全部的出发量 O 进行统计）；D_i 为第 i 个需求节点的需求程度，以常住人口为标准（数据来源于深圳市社工委织网工程）；S 为研究区总供给水平；D 则表示研究区总需求程度。当 LQ_i 大于 1 时，表明该需求节点服务水平高于研究区平均水平。

经统计，全部需求节点中区位熵高于 1 的需求节点 941 个，数量占比 51.9%，主要位于福田和罗湖的大部分区域，南山中部、光明南部和坪山等，游憩供给服务充足；低于 0.5 的节点数量 403 个，数量占比 22.2%，包括龙华、龙岗和宝安的大部分区域、光明北部、南山南部等，这些区域的供需平衡状况较差，区位熵指标低于全市平均水平的一半。

2. 新增节点生成

对区位熵低于 0.5 的需求节点周边区域进行绿地增补是优化的重点。首先根据 403 个节点的需求规模和供给规模，将供给能力划分为"低供""中供"和"高供"三个类别；将需求划分为"低需""中需"和"高需"三个类别。"高需"节点主要集中在城市中部和西部，人口高度密集，游憩需求旺盛；"低供"节点主要呈现北部集聚，游憩绿地配套不足，没有形成稳定的出行路径。"高需"节点和"低供"节点的重叠区域主要位于宝安中部和北部、龙华中部、龙岗中部和南部等集建成区，这些区域的绿地供需关系存在严重不公平现象，聚集了大量的城中村和城边村，居民生活环境质量普遍较差，基础设施匮乏，可达的绿色开敞空间极为有限，绿地供需失衡问题尤其显著。此外，相较于这些区域，位于城市中心的高地价住宅小区则受到更严格的城市规划政策约束，例如《深圳市城市规划标准和导则》规定，住宅小区开发项目必须确保 40% 以上的绿地空间覆盖率。因此，城市绿地的空间分布不均进一步加剧了不同区域居民的环境资源可得性差距。本章将优化绿地供需关系的重点放在社会经济弱势群体聚居的区域，作为新增节点的首位区。除这些区域外，在经济发达和人口密集的城市中心区，如南山区部分街道，也存在一定程度的绿地供不应求现象。这些区域虽然整体绿地覆盖率较高，但由于人口密度大、公共绿地资源使用强度高，居民实际可用的绿色开敞空间仍显不足，新增节点也将弥补这些区域的供需鸿沟。

综上所述，根据深圳游憩服务供需特征，以"高需、低供"节点为重点考虑对象，结合节点区域内的土地利用现状、地表覆盖、公园建设发展规划、法定图则等因素，确定新增 13 块供给节点（图 7.13）。新增供给节点主要集中在宝安中部和北部、龙华中部及龙岗中部和南部等人口密集但绿地配套不足的区域，进一步补充了南山等中心城区的公共绿地资源布局。在缓解弱势区域的绿地不公平问题的基础上，同时满足中心城区居民日益增长的游憩需求。

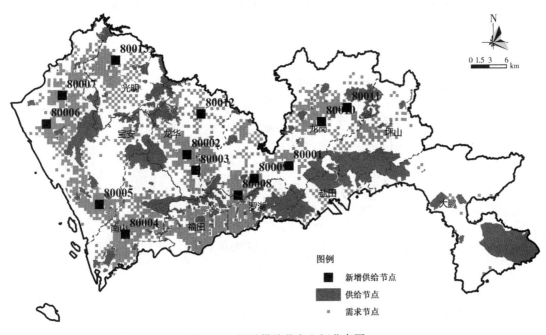

图 7.13　新增供给节点空间分布图

7.3.2　局域路径优先连接机制

1. 局域连接范围

本章设置的两类情境下，新增节点与原始网络产生的关联具有空间约束性：一方面是物种运动的空间约束，除地形地貌、地表覆盖等外部因素限制外，物种自身在城市物质空间系统中的分布具有典型的地理邻近效应，随着距离的增加，物种运动发生概率降低；另一方面是人类活动的空间行为约束，从行为地理学的视角，空间是人类活动受约束的根源，人类的经济与社会活动存在于空间中，一般情况会依据居住地的位置条件、交通条件等因素选择一个或几个作为游憩目的地，具有随距离增加而衰减的普遍规律。

由此推论，新增节点能够与网络中初始节点产生联系的范围是受到限制的。采用基于最近空间距离的准则来判断新增节点所属局域世界，在此条件下，新增节点与原始节点的连接集合构成了一个局域世界。关于局域世界的划分，采用 7.2 节社区结构特征分析，同一个社区内节点的联系紧密、社区之间的节点联系稀疏，因此将识别的社区视为网络生长的局域世界。如图 7.14 所示，假定节点 1、2、6 和节点 3、4、5 分别为 2 个独立社区，则新增节点 a 和 b 的连接局域世界为 1、2、6，新增节点 c 的连接局域世界为 3、4、5。

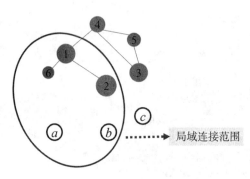

图 7.14　新增节点连接范围示意

2. 择优连接

网络优化时首先应优先选择枢纽节点，即节点的重要性作为优先连接的准则。基于局域世界网络演化模型，对于同一个局域范围，初始网络节点的重要性等级越高，表明该节点的集散或中转功能越强，能够吸引或服务数量越多，对提高网络连通性或促进供需均衡的贡献越大，因此新增节点倾向于与所属局域范围中等级较高的节点优先进行连接。如图 7.14 所示，新增节点 a 和 b 会倾向于与重要性等级更高的节点 2 优先产生连接，c 会倾向于与节点 3 优先产生连接，遵循的连接概率为 $\Pi(k_i)$：

$$\Pi(k_i) = \frac{k_i + \alpha}{\sum_{j \in \Omega}(k_j + \alpha)} \tag{7.10}$$

式中，$\Pi(k_i)$ 为新增节点与节点 i 产生连接的概率；k_i 为节点 i 的度；α 为优先连接系数；Ω 为选取的局域边界。

3. 连边的形成

针对局域世界网络演变模型中的 n 个新增节点，在 t 时刻依次与选择的初始节点建立连边，直至增加了 m 条边为止。考虑到不同局域世界内新增节点能够产生连接边数的不同，按优先连接原则建立连接规则，随着网络不断发展，能够产生连接的节点规模会逐渐增多，从而实现对生态空间网络结构的优化。

综上所述，遵循以下原则来构建路径优先连接机制：①最邻近原则，以地理距离最近为原则来决定某一个新增节点 n_i 的所属区域；②优先连接原则，新增节点倾向于与局域内重要节点进行连接；③多重配置原则，即 n 个新增节点可以与同一个局域内的重要初始节点产生多条连接路径；④完全覆盖原则，网络生长以局域世界中所有的节点已经全被连接为止，辐射局域范围内所有节点 $\Omega(i)$。上述演化模型在经过 t 步后，产生 $N=t+n_0$ 个节点，m_t 条边的新增网络。图 7.15 显示了一个局域网络的成长演化过程。

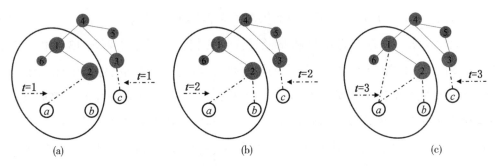

图 7.15　基于局域世界的网络演化过程模拟示意

7.3.3　均衡性优化结果

城市空间的各项要素分布并不均衡，因此形成了空间异质性和地区供需差异。基尼系数作为一种常用的统计分析方法，涵盖多个学科领域的应用，不仅可用于研究收入分配问题，而且可以用于均衡程度分析。本章采用基尼系数作为优化结果的分析指标。当基尼系数指标达到一个合理值时，视为网络生长达到最佳状态，将此时新增的节点和连边整合到初始网络，生成优化网络。洛伦兹曲线（Lorenz Curve）是描述、衡量分配或占有的平均程度（周江，1985）。基尼系数算法的基本原理由洛伦兹曲线而来，指实际洛伦兹曲线与绝对公平线所包围的面积 A 占绝对公平线与绝对不公平线之间的面积 $A+B$ 的比重，基尼系数 GN 用公式表示：

$$GN = \frac{S_A}{S_A + S_B} \tag{7.11}$$

基尼系数计算的难点在于如何拟合洛伦兹曲线方程，为了寻求具有可操作性的估算方法，许多学者开展了有益探索，主要方法有几何计算法、间接拟合法、曲线拟合法等。几何计算法，即根据分组资料，按几何图形分块近似逼近计算的方法。具体而言，将洛伦兹曲线下方的区域分成 n 部分，计算每个子区域（梯形 C-D-M-N）的面积 S_p，然后将 S_p 加总求出面积 GN。

参照联合国开发计划署等组织对于基尼系数的分级标准，基尼系数的取值在 0~1 之间，基尼系数越小，表明生态空间供需匹配度越高，供需关系越平衡。当 GN<0.2 时，表示高度平均；当 0.2≤GN<0.3 时，表示比较平均；在 0.3≤GN<0.4 时，表示相对合理；在 0.4≤GN<0.5 时，表示差距较大；当 GN≥0.5 时，表示差距悬殊。国际上通常把 0.4 作为"警戒线"，或根据黄金分割比例将"警戒线"定义为 0.382。

（1）初始网络：包含 155 个供给节点和 1814 个需求节点，9416 条连边，初始 t 时刻网络的基尼系数为 0.53，生态空间的供需关系整体上不平衡。

（2）优化网络：根据节点增长和路径择优连接机制，网络中新增 13 个供给节点，在不同时刻 t，分别按照新增节点所在局域连接，至 t=201 时网络停止生长。在 t 时刻下，分别计算网络的基尼系数。取 t=51 时，网络中基尼系数降低为 0.4（警戒线），低于 0.4 则进入相对合理阶段，达到预期最佳，此时网络中新增供给节点 13 个，新增连边 653 条，将其整合到初始网络中，优化网络中包含 168 个供给节点和 1814 个需求节点，10069 条连边。

综上，优化网络比初始网络的基尼系数下降了 24%，针对区域内存在较多"高需、低供"的节点，通过新增供给节点、优先连接区位熵低值区的方式，在一定程度上缓解了现状较不平衡的供需关系，促进了游憩服务的空间公平性。

7.4　本章小结

城市公园与绿地是城市生态系统服务的重要组成部分，在提升居民生活品质、维护生物多样性及促进城市可持续发展方面发挥着基础性作用。然而快速城市化进程导致空间分布不均衡问题日趋显著，高密度连片开发模式进一步放大了绿地资源可及性的区域差异。本研究基于社会生态层间网络分析方法，聚焦城市游憩资源供需失衡特征，通过构建并分析城市社会生态层间网络，探讨城市游憩资源的供需不平衡现象，提出了针对这一问题的优化方案。

本章聚焦城市游憩资源供需失衡特征，以深圳市为例，提出了一套社会-生态层间网络分析与结构优化方法，以解决城市绿地资源分布不均与服务可达性差的问题。

　　首先，本章构建了基于供给与需求双节点的二分网络，采用度指标与首位联系强度量化节点重要性，识别出高需求、低供给区域，揭示了当前绿色空间配置存在的空间不均衡问题。其次，基于二分网络的社区划分算法分析了供需网络结构，结果显示层间网络形成多组团布局，由南向北扩散并逐步减弱的放射形模式，若干大斑块和围绕大斑块的多个小斑块构成整体结构，但也暴露出中心区资源过载、边缘区服务不足的问题。基于此，本章进一步提出局域增点、增边机制，结合最邻近与择优连接原则，新增 13 个供给节点，并模拟连边路径演化过程。通过基尼系数评估优化效果，结果表明网络均衡性显著提升，基尼系数由 0.53 降至 0.40。

　　本章系统构建了层间网络的识别、分析与优化路径，为绿色空间规划、公共资源公平性评价及社会生态网络可持续演化提供了理论基础与实践框架。然而，当前优化策略仍以静态结构为依托，对动态人口变化与居民偏好异质性的响应能力有限。后续研究可进一步引入多源动态数据，探索时空协同的供需调节机制。

第 8 章　总结与展望

8.1　研究回顾

本书系统阐述了高密度城市社会-生态网络的理论方法，并以深圳为典型案例开展实证研究。该研究范式通过整合社会要素（如人口分布）与生态要素（如绿地系统）的空间关联建模，解析人类活动密集区与生态保育空间的空间矛盾。基于深圳高密度城市特征，本研究采用了网络节点重要性评估、社区结构识别、多目标优化模拟等方法，形成涵盖生态廊道连通性提升、社会系统碳排放调控、生态系统服务供需匹配的空间优化框架。

（1）在城市生态子网络建模研究中，基于生态流动和物种迁徙视角，通过斑块源地和生态廊道识别构建生态单层网络，运用节点重要性指标和单层网络社区检测，分析了生态网络基于邻接关系的层级性结构和组织模式，识别网络结构存在孤立节点的问题，据此提出了强弱并济的网络优化策略，并通过最小生成树搜索待增补节点，进而得到优化连接策略。

具体地，深圳生态网络在城市中心地带聚集了高等级节点，而区域边缘则分布着低等级节点，整体呈现出核心集聚和边缘分散的格局。该网络的布局为多组团结构，通过东西向的分支状通道将若干规模相当的组团连接在一起。网络的骨架主要由位于城市中心腹地的高等级节点和多条生态廊道构成，集中分布在盐田、罗湖、福田及南山北部、龙华中部和光明东部等地区。特别是在福田—罗湖交界区域及龙岗西部的某些节点起到关键作用，通过连接东部和西部的源地斑块，这些节点在连通整个城市生态网络中具有重要意义。然而，低等级节点多分布于城市边缘，如原关外区域和大鹏、盐田的林地，由于区位限制，被排除在连通子图以外，难以充分发挥生态服务的功能。本书以生态网络连通性提升为优化目标，新增加的绿地斑块分为断裂型和加密型，以增强边缘节点连通性和核心节点的跨区连接稳定性；原有 3% 的孤立节点全部被整合

154

进最大连通子图，进而增强了整体网络的连通性和生态系统的功能性。

（2）在城市社会子网络建模研究中，首先，基于多样化出行视角，构建居住-商业网络、居住-公园网络、居住-企业网络和居住-居住网络四种类型的多层网络。其次，采用基于紧密度和集聚系数的综合判断的方法，分别评估节点的局部和全局重要性。根据低碳交通的特征属性，构建评估现实空间节点的碳减排潜力指标。再次，设定四种基本动力学机制，对不同政策组合下的空间调控情景进行仿真，模拟不同情景下的城市空间布局优化模式。最后，根据多情景生成目标函数曲线，遴选节点交互反馈的网络优化策略。

具体地，深圳城市社会网络的低紧密度节点主要分布在城市中部和西部的过渡地带，而高紧密度节点则集中于南山、福田、宝安等中西部的核心区域，呈现出明显的"核心-边缘"空间结构，这些节点之间的紧密联系形成了深圳市内部的经济核心区。南山和宝安等中西部区域的高聚类系数节点内部经济网络紧密，体现了较强的内部协作效应，对区域经济发展起到了关键推动作用。龙岗、盐田、坪山和大鹏内部形成了公园服务的空间聚合体。多层网络之间的布局具有差异，居住-商业网络和居住-公园网络在同一社区内的节点分布相对分散；相比之下，居住-企业网络和居住-公园网络的社区划分则更符合地理邻近性，具备明显的区域集聚性，地理分布上相对集中。通过网络优化情景模拟，在减碳效果方面，单一策略中，居住转企业的边际效益最显著，新增企业及园区规模扩展能够实现效率与成本平衡最优；混合策略在实现 10% 碳减排目标的平均迭代步长较单一策略缩短 10%，其中，在高减排潜力居住区邻近域新增企业节点（SD1），同时对高减排潜力产业地块实施功能置换转为居住社区（SD4）。该双向调节机制兼具减排速率优势与低拓扑扰动特性，具备显著的实际应用价值。

（3）在社会生态层间网络建模研究中，通过识别表征城市生态系统服务功能的供给节点与需求节点，结合出行路径构建供需服务网络，采用节点度中心性与首位联系强度量化网络节点重要性，识别高需求-低供给失衡区域，并采用基于二分网络的社区检测算法解析供需服务网络的空间组织结构特征，进而提出局域世界演化模型，建立空间邻近约束（最邻近距离）与择优连接机制，模拟社会生态层间网络的优化过程。

具体地，深圳的社会生态系统通过层间网络形成多组团布局，以南向北扩散并逐步减弱的放射型模式，由若干大斑块和围绕其的小斑块构成整体结构。城市中心区公园作为社区之间的重要桥梁和纽带，往往位于各个社区的边界地带，对于城市游憩功能的发挥起到关键作用。然而，新城区由于人口高度密集，游憩需求旺盛，但相应的游憩绿地配套不足，未形成稳定的出行路径。因此，结合区域内的土地利用现状和公园建设发展规划，新增了 13 块供给节点以增加游憩服务供给。优化后的网络比初始网络的基尼系数下降了 24%；针对区域内存在的"高需、低供"现象，通过新增供给节点和优先连接区位熵低值区的策略，部分缓解了现状供需不平衡的问题，促进了游憩服务的空间公平性。

8.2 存在的不足

受数据限制，本书提出的网络建模方法及其反映的城市问题可能存在一定程度的失真。例如，生态网络模型中潜在生态廊道提取，是假设物种在不同源地之间迁移时倾向于选择最小阻力的路径，可以认为是一种规划意义上的网络构建方式，反映的是抽象的、一般化的特征。未来需要综合集成更多的分析要素，在数据充足的条件下，可以整合标志性物种长时间的运动轨迹数据，形成一个具有时空属性特征的多因素生态网络构建方法。

在社会空间网络的构建中，我们主要关注了居住、就业、休闲等城市的主要功能点，而对于医疗、教育等专项需求未进行详细刻画。这可能使得城市碳排放估算的结果低估了这些领域对整体排放的影响，从而限制了对实际情况的全面理解。尽管目前深圳的小汽车中新能源汽车的比例已约 10%，但我们所使用的高德导航数据并未区分小汽车的具体类型。这意味着在碳排放估算模型中，我们尚未充分考虑新能源汽车在排放核算中的特殊性，可能导致估算结果的准确性受到影响。另外，交通模式和出行行为的多样化也对研究提出了挑战。我们主要依赖既有交通流数据，以多层出行网络为基础进行分析，忽略了不同出行方式(如公共交通、自行车、步行等)在城市交通网络中的作用。这不仅影响了对城市碳排放的评估，也可能导致对城市空间连通性和资源配置的误解。网络维度提供了一个重要的分析视角，但无法涵盖城市系统的所有复杂性和多样性，因此在评估过程中应融合更多维度的数据和模型，以提供更全面和细致的城市系统画像。

8.3 展望

当高密度城市复杂系统中的实体及其之间多类型的交互关系越发复杂，网络构建逐渐由单层、同构网络延伸至多层、异构网络。高密度城市空间是一个高度复杂的有机体，不仅对人类生活空间产生影响，同时也受到人类活动空间的影响。本书以高密度城市深圳为例,基于量化分析手段,分别对社会网络、生态网络和社会-生态网络的连接关系进行定量评价及问题诊断,并提出优化策略。后续可以从理论与实证两个方面开展持续研究。

8.3.1　理论研究发展方向

在理论方法研究方面,未来仍需进一步扩展城市社会-生态网络的定量分析方法。城市社会生态系统是一项复杂的研究课题。多层网络研究需要建立起更具有适用性的数学形式,对于拓扑性质的描述、网络鲁棒性、动态演化等,需要充分考虑层间耦合交互的非线性关系,这对深入理解多层网络结构与功能的关系尤为重要,也是当前研究所欠缺的。

1. 建立城市社会-生态网络分析框架的通用范式

真实的世界网络极其复杂,尤其是在社会-生态网络的研究中,这一特性表现得尤为显著。社会-生态网络涵盖了人类活动与自然生态系统之间的多层面互动,不仅规模庞大,而且节点和边之间存在高度异质性和动态变化。在现阶段,尽管研究人员已经开发了大量用于描述和分析网络结构的指标,例如平均路径长度、聚类系数、中心性测度等,但这些指标仅能反映特定网络结构信息,仍然缺乏一个能够全面且统一地表征社会-生态网络复杂性的统计特征参数。此外,不同研究领域和社会生态系统的多样性也增加了寻找通用统计特征的难度。未来研究有望通过结合数学建模、计算机仿真、实证数据分析等手段,设计一套既能反映网络拓扑属性又能体现其动态特性的综合评估体系,以应对城市社会-生态网络类型的复杂性挑战,更准确地理解和预测社会-生态网络的生成与演化。

同时,本书的研究对象为高密度城市,提出的理论框架是否具有普适性有待验证。当前研究整合了城市生态空间、交通、碳排放、生态系统服务等典型领域,对于城市转型发展、热岛效应、公共卫生事件等复杂社会生态现象及其规律的研究有待挖掘,这些也是未来潜在的研究方向。

2. 评估城市社会生态系统的脆弱性与韧性

当前全球城市系统面临多重不确定风险挑战,城市的社会脆弱性、生态环境脆弱性、经济脆弱性、资源脆弱性、基础设施脆弱性等问题越发凸显。城市是一个高度复杂的超有机体,城市系统分解为经济、社会、生态、基础设施、制度五个子系统。在各类自然活动与人类活动交织扰动的情景下，城市社会-生态网络如何抵御风险冲击，如何减少网络结构失衡的负面影响，对这些问题还缺乏全面、可预测的科学认识。为了精准计量城市社会生态系统的韧性，需要开展多尺度层次分析，通过结合微观（如社区、家庭）到宏观（如城市、区域）层面的数据，构建多层次的社会-生态网络模型，以识别不同层次上的脆弱性节点。同时采用系统动力学建模工具来模拟城市中各种因素之间的相互作用，包括人口增长、经济发展、资源消耗、环境变化等，预测潜在的脆弱性和韧性表现（图 8.1）。

图 8.1　城市社会生态系统的韧性机制

3. 观测城市社会生态系统长时序演化特征

自然因素和人类活动对城市社会生态系统的影响是一个复杂而长期的过程，任何一个城市系统都不是纯粹的静止化结构，例如城市生态空间的组织模式往往随时间在不断演化，节点数量、规模、节点构成等因素具有时空消长变化特征。这导致社会-生态网络不仅是一个静态结构，还是一个随时间演变的过程，包含非线性反馈机制、突变点及多重尺度上的交互作用。同时，网络的规模随时空变化而不断发生变化，各个实体及实体之间的关系将趋于多样化、重叠化。只有通过长期的观测和多地域城市社会-生态网络综合研究，才能解释其长期变化的过程、趋势和后果。因此，未来可增加多时相的特征分析，从多个时间节点对其进行研究，可在时间维度上获得更加丰富的研究结论。需要基于时间维度构建动态的社会-生态网络以探讨社会生态系统的演化，能够更加全面、深入地厘清城市复杂系统的演变机制与发展规律。

4. 城市社会生态系统的制度政策结构分析

当前人类社会系统对自然系统进行了大规模的控制和改造，人地矛盾加剧，带来了众多生态环境的不可持续问题。同时社会与生态之间的互馈关系具有复杂性、非线性、不确定性和多层嵌套等特性，这给城市系统治理现代化带来了新的挑战。以生态系统为例，生态空间保护是一个涉及多空间邻接、多主体博弈的复杂问题，尽管许多城市制定了专门的生态保护政策，但是处在城市边缘地区的绿地公园，极易因城市无序开发而被住房建设所占用或被城际公路所分割，导致生态环境退化。原因在于单一政府的力量不足以支撑高额的保护成本，因此有必要识别政策行动者和行动对象进行政策网络的建模分析工作，通过调整或改变政策制度结构、制定多项互补的政策以实现生态空间高效保护。未来需要进一步加强社会生态系统与政策系统的耦合交互研究，整合自然、人文与社会科学多学科知识，应对传统的管理政策常常失效或偏离的问题，实现城市可持续治理。

8.3.2 实证应用发展趋势

实证应用研究方面，本书以深圳为研究对象，提出了高密度城市社会-生态网络的建模与分析框架。尽管社会生态系统相关研究文献丰富，但是当前的研究仍然以一城一地的个案研究为主。当前全球范围内城市化进程仍然处于加速推进阶段，尤其是发展中国家大城市群的迅速崛起，城市社会-生态网络的研究将变得更加重要且具有挑战性。未来城市社会-生态网络实证研究的重要方向之一便是进行跨地域的对比分析，同时要增强跨学科合作，鼓励来自城市规划、环境科学、经济学、社会学等多个领域的专家共同参与，以实现对城市复杂系统更加全面和深入的理解，最终推动城市社会-生态网络研究从单一案例走向更广泛的理论概括和实践应用。

1. 扩展研究对象与研究尺度

本书将研究对象设定为高密度城市，所提出的建模与分析框架可以作为一种参考工具，帮助其他城市和地区评估自身的发展状况，并制定相应的政策来促进可持续城市发展。同时，也为进一步探索如何在全球气候变化背景下提升城市系统的适应能力和恢复力提供了新的思路和方向。

首先是从研究对象进行扩展。从城市社会生态系统转向更广泛的陆海社会生态系统和城乡社会生态系统，提供一个更加综合性的视角来看待城市发展问题，从而推动更加全面且可持续的城市化过程。针对陆海社会生态系统，将研究范围从陆地上的城市扩展到海洋与陆地之间的交互作用，探索沿海城市的管理、港口发展、海洋资源利用，以及应对海平面上升等气候变化影响。针对城乡社会生态系统，强调城市与乡村之间关系的重要性，考虑到两者间的相互依赖性，比如食物供应、劳动力流动、生态服务等。

其次是从研究尺度上进行升维。城市系统运行是一个动态演进的过程，城市系统不是孤立存在的，而是嵌入在一个更大、更复杂的全球网络中，需要从更大的时空尺度构建网络。未来的研究可以将研究尺度扩展到更大范围，并关注都市圈、城市群、流域和国别等地域系统，揭示不同尺度下社会-生态过程的内在机制，从而为政策制定者提供更科学、合理的决策依据。

2. 引入新兴技术方法

当前的社会-生态网络研究对城市海量时空大数据的利用虽然取得了一定进展，但其应用范围和深度仍然局限在少数几种技术方法上。例如，地理信息系统(GIS)与遥感技术(RS)的应用较广泛，但在面对复杂的城市社会生态系统时，这些传统工具往往难以捕捉到深层次的动态变化模式。对于一些最新的网络分析技术模型，如深度学习时序预测模型(Deep Temporal Convolutional Networks, DeepTCN)及行动者随机导向模型(Stochastic Actor-Oriented Models, SAOM)，它们的利用存在明显不足。这类新兴技术能够处理高维、非线性的数据结构，并从大规模、多源异构的数据中提取有价值的信息，从而对城市复杂系统进行更精准的理解和预测。例如 DeepTCN 模型擅长处理时间序列数据，可以用于预测交通流量、空气质量变化或能源消耗趋势等关键指标，而 SAOM 则能模拟个体行为和社会互动过程中的随机性，适用于研究网络局部社区演变。

图神经网络 GNN 作为一种专门针对图结构数据设计的方法，非常适用于对城市中的社交网络、基础设施连接性和生态系统服务流等进行建模。它可以在保持节点间关系的同时学习到每个节点的独特属性，这对于理解城市社会生态系统的整体行为至关重要。未来的研究需要进一步引入和整合新兴技术方法，加大对人工智能、机器学习、物联网等前沿科技的研发投入，开发更适合城市社会-生态网络特点的算法和平台。

3. 引入大尺度数据集的应用

随着跨尺度大规模人类移动、碳排放、交通出行等新数据集的出现，有望为城市社会-生态网络研究提供前所未有的机遇。这些海量且多源的数据集不仅提供了对城市内部运作机制更细致、入微的理解，还使得研究人员能够捕捉到过去难以量化的动态变化过程。例如，依托全球海运网络数据，可以绘制出全球城市间经济供应链关系地图，在大流行病和地缘政治冲突等意外事件频发的背景下，通过针对海运网络节点进行攻击，可以模拟真实的海运堵塞及此类海运堵塞对全球城市系统稳定运行的逐日影响，从而评估城市社会经济韧性，并帮助识别全球供应链网络中的脆弱城市节点。而碳排放网络数据则有助于定位城市的碳源与碳汇分布，碳源空间主要包括城市的工业区、能源生产设施和交通节点等人类社会活动密集的空间，碳汇空间则主要指森林、草地、湖泊等生态空间，通过建立城市内部与城市之间的碳源-汇关系网络，可以跟踪各国和城市在实现国家自主贡献（NDCs）碳管理目标方面的进展情况。

借助这些丰富的新数据资源，我们不仅可以更深入地探讨城市系统内部组分之间的社会生态作用关系，还能在不同的时空尺度上探讨城市化进程对城市社会生态系统的影响。这将有助于发现隐藏在表象之下的规律，为政策制定者提供更加科学、合理的决策依据，以应对诸如气候变化适应、灾害风险管理和城市可持续发展等重大挑战。

参 考 文 献

陈敦鹏. 深圳市国土空间规划标准单元制度探索与思考[J]. 城市规划, 2022, 46(9)：13-19, 39.

陈彦光. 城市地理研究中的单分形、多分形和自仿射分形[J]. 地理科学进展, 2019, 38(1)：38-49.

陈占夺, 齐丽云, 牟莉莉. 价值网络视角的复杂产品系统企业竞争优势研究：一个双案例的探索性研究[J]. 管理世界, 2013(10)：156-169.

方家, 刘颂, 王德, 等. 基于手机信令数据的上海城市公园供需服务分析[J]. 风景园林, 2017, 24(11)：35-40.

方家, 王德, 张月朋. 基于手机信令数据的上海大型公园分类研究[J]. 中国园林, 2019, 35(3)：56-60.

费孝通. 小城镇四记[M]. 北京：新华出版社, 1985.

符小静. 北京市景观格局分析及生态网络空间优化研究[D]. 徐州：中国矿业大学（徐州）, 2019.

傅强. 基于生态网络的非建设用地评价方法研究[D]. 北京：清华大学, 2013.

宫晓莉, 熊熊. 波动溢出网络视角的金融风险传染研究[J]. 金融研究, 2020(5)：39-58.

郭慧锋, 刘高飞. 基于BP神经网络和路径分析模型的生态园林城市：以郑州为例[J]. 生态经济, 2024, 40(6)：85-91.

郭仁忠, 罗平, 罗婷文. 土地管理三维思维与土地空间资源认知[J]. 地理研究, 2018, 37(4)：649-658.

国家发展和改革委员会. 全国主体功能区规划[M]. 北京：人民出版社, 2015.

何东晓, 周栩, 王佐, 等. 复杂网络社区挖掘：基于聚类融合的遗传算法[J]. 自动化学报, 2010, 36(8)：1160-1170.

侯汉坡, 刘春成, 孙梦水. 城市系统理论：基于复杂适应系统的认识[J]. 管理世界，2013（5）：182-183.

胡海波，王科，徐玲，等. 基于复杂网络理论的在线社会网络分析[J]. 复杂系统与复杂性科学，2008（2）：1-14.

黄馨，韩玲，赵永华，等. 城市社会-生态系统研究理论基础与分析框架[J]. 生态学报，2024，44（15）：6892-6905.

贾艳红，朱佳贝，邓露露，等. 利用城市标度律分析广西城市要素与人口规模发展[J]. 地理空间信息，2024，22（8）：1-6.

景永才，陈利顶，孙然好. 基于生态系统服务供需的城市群生态安全格局构建框架[J]. 生态学报，2018，38（12）：4121-4131.

李红雨，赵坚. 中国城市规模的幂比例变化：验证与启示[J]. 经济与管理研究，2022，43（11）：71-94.

李敏，叶昌东. 高密度城市的门槛标准及全球分布特征[J]. 世界地理研究，2015，24（1）：38-45.

李培庆，赵新正，姜永青，等. 长三角多尺度城市网络联系特征及其对城市高质量发展的影响：基于企业总部-分支联系视角[J]. 世界地理研究，2024，33（3）：147-160.

李睿琪，刘晨馨，尚璠，等. 系统科学视角下的城市建模与城市计算研究进展[J]. 电子科技大学学报，2022，51（5）：786-799.

李双成，王珏，朱文博，等. 基于空间与区域视角的生态系统服务地理学框架[J]. 地理学报，2014，69（11）：1628-1639.

李双成. 生态系统服务地理学[M]. 北京：科学出版社，2014.

李亚桐，张丽君，叶士琳，等. 城市生长与形态双维分形模型改进及应用[J]. 地球信息科学学报，2020，22（11）：2140-2151.

李扬，汤青. 中国人地关系及人地关系地域系统研究方法述评[J]. 地理研究，2018，37（8）：1655-1670.

刘建国，任卓明，郭强，等. 复杂网络中节点重要性排序的研究进展[J]. 物理学报，2013，62（17）：1-10.

刘绿怡，卞子亓，丁圣彦. 景观空间异质性对生态系统服务形成与供给的影响[J]. 生态学报，2018，38（18）：6412-6421.

刘彦随，刘亚群，欧聪. 现代人地系统科学认知与探测方法[J]. 科学通报，2024，69（3）：447-463.

刘彦随. 现代人地关系与人地系统科学[J]. 地理科学，2020，40（8）：1221-1234.

卢卓. 省域生态廊道构建方法优化研究[D]. 哈尔滨：哈尔滨工业大学，2018.

鲁庆彬，王小明，丁由中. 集合种群理论在生态恢复中的应用[J]. 生态学杂志，2004，23(6)：63-70.

马琳，刘浩，彭建，等. 生态系统服务供给和需求研究进展[J]. 地理学报，2017，72(7)：1277-1289.

马世骏，王如松. 社会-经济-自然复合生态系统[J]. 生态学报，1984，4(1)：1-9.

毛汉英. 人地系统优化调控的理论方法研究[J]. 地理学报，2018，73(4)：608-619.

莫振淳. 基于鲁棒模型的生态空间网络稳定性研究[D]. 株洲：湖南工业大学，2018.

牛腾，岳德鹏，张启斌，等. 潜在生态网络空间结构与特性研究[J]. 农业机械学报，2019，50(08)：166-175.

彭建，郭小楠，胡熠娜，等. 基于地质灾害敏感性的山地生态安全格局构建：以云南省玉溪市为例[J]. 应用生态学报，2017，28(2)：9.

任成磊. 社会网络的邻域重叠社团划分[D]. 上海：华东师范大学，2016.

孙兵. 大规模复杂网络近似最短路径算法研究[D]. 沈阳：辽宁大学，2017.

汤汇道. 社会网络分析法述评[J]. 学术界，2009(3)：205-208.

汤西子. "农业-自然公园"规划：山地城市边缘区小规模农林用地保护与利用方法研究[D]. 重庆：重庆大学，2018.

万汉斌. 城市高密度地区地下空间开发策略研究[D]. 天津：天津大学，2013.

王甫园，王开泳. 城市化地区生态空间可持续利用的科学内涵[J]. 地理研究，2018，37(10)：1899-1914.

王敏，朱安娜，汪洁琼，等. 基于社会公平正义的城市公园绿地空间配置供需关系：以上海徐汇区为例[J]. 生态学报，2019，39(19)：7035-7046.

王如松，欧阳志云. 生态整合：人类可持续发展的科学方法[J]. 科学通报，1996(s1)：47-67.

王睿，柯嘉，张赫. 基于职住分离的超大特大城市交通拥堵碳排放机理研究：以天津市"郊住城职"现象为例[J]. 上海城市规划，2023(6)：33-39.

王义民. 论人地关系优化调控的区域层次[J]. 地域研究与开发，2006(2)：20-23.

魏宏森. 系统科学方法论与系统动力学相结合在区域规划中的应用[J]. 系统科学学报，2025(2)：7-11.

魏钰，雷光春. 从生物群落到生态系统综合保护：国家公园生态系统完整性保护的理论演变[J]. 自然资源学报，2019，34(9)：1820-1832.

吴传钧. 论地理学的研究核心：人地关系地域系统[J]. 经济地理，1991，11(3)：1-6.

吴健生，张理卿，彭建，等. 深圳市景观生态安全格局源地综合识别[J]. 生态学报，2013，33(13)：9.

伍江. 中国特色城市化发展模式的问题与思考[J]. 中国科学院院刊，2010，25(3)：258-263.

肖冬平，梁臣. 社会网络研究的理论模式综述[J]. 广西社会科学，2003(12)：166-168.

肖扬，Alain Chiaradia，宋小冬. 空间句法在城市规划中应用的局限性及改善和扩展途径[J]. 城市规划学刊，2014(5)：32-38.

谢地，荣莹，叶子祺. 城市高质量发展与城市群协调发展：马克思级差地租的视角[J]. 经济研究，2022，57(10)：156-172.

徐沙. 基于大数据与城市复杂理论工具的公园绿地布局评价模型研究[D]. 南京：南京大学，2019.

严岩，朱捷缘，吴钢，等. 生态系统服务需求、供给和消费研究进展[J]. 生态学报，2017，37(8)：2489-2496.

杨宝丹. 都市更新进程中城市生态建设策略研究[D]. 徐州：中国矿业大学（徐州），2018.

杨晗. 南京市绿地生态安全格局综合评价研究[D]. 南京：南京工业大学，2018.

杨滔，单峰. 复杂系统视角下的城市信息模型（CIM）建构[J]. 未来城市设计与运营，2022（10）：8-13.

杨滔. 空间句法：基于空间形态的城市规划管理[J]. 城市规划，2017，41(2)：27-32.

杨欣，肖豪立，黄宸，等. 长江中游城市群土地生态系统"社会-生态"网络构建与协同治理研究[J]. 自然资源学报，2024，39(9)：2155-2170.

姚婧，何兴元，陈玮. 生态系统服务流研究方法最新进展[J]. 应用生态学报，2018，29(1)：335-342.

于卓，吴志华，许华. 基于遗传算法的城市空间生长模型研究[J]. 城市规划，2008(5)：83-87.

张萌萌，王帅，傅伯杰，等. 社会-生态网络方法研究进展[J]. 生态学报，2021，41(21)：8309-8319.

张平，林昕，张永翔，等. 我国城市多尺度社会生态系统可持续管理框架研究[J]. 中国农业大学学报，2022，27(7)：199-209.

张妍，郑宏媚，陆韩静. 城市生态网络分析研究进展[J]. 生态学报，2017，37(12)：4258-4267.

张玉泽，张俊玲，程钰，等. 供需驱动视角下区域空间均衡内涵界定与状态评估：以山东省为例[J]. 软科学，2016，30(12)：54-58.

张玉泽，任建兰. 中国新型城镇化发展路径创新：基于人地协调视角[J]. 现代经济探讨，2017(1)：28-32.

赵文武，侯焱臻，刘焱序. 人地系统耦合与可持续发展：框架与进展[J]. 科技导报，2020，38(13)：25-31.

甄霖，胡云锋，魏云洁，等. 典型脆弱生态区生态退化趋势与治理技术需求分析[J]. 资源科学，2019，41(1)：63-74.

周慧玲. 中国大陆省际旅游空间网络结构特征及演化研究[D]. 长沙：湖南师范大学，2018.

周江. 洛伦茨曲线原理及应用[J]. 统计，1985(5)：34-36.

周一星. 关于中国城镇化速度的思考[J]. 城市规划，2006(增刊1)：32-35，40.

Agarwal G, Kempe D. Modularity-maximizing graph communities via mathematical programming[J]. The European Physical Journal B, 2008, 66：409-418.

Avon C, Bergès L. Prioritization of habitat patches for landscape connectivity conservation differs between least-cost and resistance distances[J]. Landscape Ecology, 2016 (31)：1551-1565.

Baggio J A, Hillis V. Managing ecological disturbances：Learning and the structure of social-ecological networks[J]. Environmental Modelling & Software, 2018, 109：32-40.

Bagstad K J, Johnson G W, Voigt B, et al. Spatial dynamics of ecosystem service flows：A comprehensive approach to quantifying actual services[J]. Ecosystem Services, 2013, 4：117-125.

Barber M J. Modularity and community detection in bipartite networks[J]. Physical Review E：Statistical, Nonlinear, and Soft Matter Physics, 2007, 76(6)：1-9.

Barnes J A. Class and committees in a Norwegian island parish[J]. Human Relations,

1954, 7(1): 39-58.

Barnes M L, Bodin Ö, Guerrero A M. The social structural foundations of adaptation and transformation in social-ecological systems[J]. Ecology and Society, 2017, 22(4): 16.

Berghauser Pont M, Haupt P. Spacemate: the spatial logic of urban density[J]. Delft: Delft University Press Science, 2004.

Berlingerio M, Coscia M, Giannotti F. Finding and characterizing communities in multidimensional networks[C]//International Conference on Advances in Social Networks Analysis and Mining. IEEE, 2011: 490-494.

Berlingerio M, Pinelli F, Calabrese F. Abacus: frequent pattern mining-based community discovery in multidimensional networks[J]. Data Mining and Knowledge Discovery, 2013, 27: 294-320.

Bodin Ö, Alexander S M, Baggio J, et al. Improving network approaches to the study of complex social-ecological interdependencies[J]. Nature Sustainability, 2019, 2(7): 551-559.

Bodin Ö, Tengö M. Disentangling intangible social-ecological systems[J]. Global Environmental Change, 2012, 22(2): 430-439.

Bodin Ö. Collaborative environmental governance: Achieving collective action in social-ecological systems[J]. Science, 2017, 357(6352): 659.

Bródka P, Filipowski T, Kazienko P. An introduction to community detection in multi-layered social network[C]//Information Systems, E-learning, and Knowledge Management Research: 4th World Summit on the Knowledge Society. 2011.

Cinner J E, Barnes M L. Social dimensions of resilience in social-ecological systems[J]. One Earth, 2019, 1(1): 51-56.

Cumming G S, Barnes G, Perz S, et al. An exploratory framework for the empirical measurement of resilience[J]. Ecosystems, 2005, 8: 975-987.

David H D, Thomas K P. Algorithms for the reduction of the number of points required to represent a digitized line or its caricature[J]. Cartographica: The International Journal for Geographic Information and Geovisualization, 1973, 10(2): 112-122.

De Domenico M, Lancichinetti A, Arenas A, et al. Identifying modular flows on multilayer networks reveals highly overlapping organization in social systems[J]. Physical Review X, 2015, 5: 011027.

Dennis M, James P. Urban social-ecological innovation: implications for adaptive natural resource management[J]. Ecological Economics, 2018, 150: 153-164.

Duch J, Arenas A. Community detection in complex networks using extremal optimization [J]. Physical Review E: Statistical, Nonlinear, and Soft Matter Physics, 2005, 72(2): 1-4.

Eider D, Partelow S, Albrecht S, et al. SCUBA tourism and coral reefs: A social-ecological network analysis of governance challenges in Indonesia[J]. Current Issues in Tourism, 2023, 26(7): 1031-1050.

Elizabeth B. The Compact City: Just or just compact? A preliminary analysis[J]. Urban Studies, 2000, 37(11): 1969-2006.

Elorriaga J, Zuberogoitia I, Azkona A. First documented case of long-distance dispersal in the Egyptian Vulture (Neophron percnopterus)[J]. Journal of Raptor Research, 2009, 43 (2): 142-145.

Esraa S A, Mahmood A K, Selin A. Tensor based temporal and multilayer community detection for studying brain dynamics during resting state fMRI[J]. IEEE Transactions on Biomedical Engineering, 2018, 66(3): 695-709.

Feng D, Bao W, Fu M, et al. Current and future land use characters of a national central city in ecofragile region: A case study in Xi'an City based on FLUS model[J]. Land, 2021, 10(3): 286.

Fuhse J A. The meaning structure of social networks[J]. Sociological Theory, 2009, 27 (1): 51-73.

Gans D, Corbusier L. The Le Corbusier Guide[M]. Princeton Architectural Press, 2006.

Ghasemian A, Hosseinmardi H, Clauset A. Evaluating overfit and underfit in models of network community structure[J]. IEEE Transactions on Knowledge and Data Engineering, 2019, 32(9): 1722-1735.

Girvan M, Newman M E J. Community structure in social and biological networks[J]. National Academy of Sciences, 2002, 99(12): 7821-7826.

Glaser M, Diele K. Asymmetric outcomes: assessing central aspects of the biological, economic and social sustainability of a mangrove crab fishery, Ucides cordatus (Ocypodidae), in North Brazil[J]. Ecological Economics, 2004, 49(3): 361-373.

Granovetter M S. The strength of weak ties[J]. American Journal of Sociology, 1973, 78(6): 1360-1380.

Guimera R, Sales-Pardo M, Amaral L A N. Module identification in bipartite and directed networks[J]. Physical Review E: Statistical, Nonlinear, and Soft Matter Physics, 2007, 76(3): 036102-036109.

Gunderson L, Kinzig A, Allyson Q, et al. Assessing resilience in social-ecological systems[J]. Workbook for Practitioners. Version, 2010, 2.

Hanski I, Gilpin M. Metapopulation dynamics brief history and conceptual domain[J]. Biological Journal of the Linnean Society, 1991, 42(1-2): 3-16.

Hanski I. A practical model of metapopulation dynamics[J]. Journal of Animal Ecology, 1994, 63(1): 151-162.

Hong W Y, Ma T, Guo R Z, et al. Carbon emission characteristics of urban trip based on multi-layer network modeling[J]. Applied Geography, 2023, 159: 103091.

Jacobs J. The death and life of great American cities[J]. Vintage Books, 1962.

Kumpula J M, Kivelä M, Kaski K, et al. Sequential algorithm for fast clique percolation [J]. Physical Review E: Statistical, Nonlinear, and Soft Matter Physics, 2008, 78(2).

Lancichinetti A, Fortunato S. Community detection algorithms: A comparative analysis [J]. Physical Review E: Statistical, Nonlinear, and Soft Matter Physics, 2009, 80(5): 056117-056127.

Lancichinetti A, Fortunato S. Consensus clustering in complex networks[J]. Scientific Reports, 2012, 2(1): 336.

Lehmann S, Schwartz M, Hansen L K. Biclique communities[J]. Physical Review E: Statistical, Nonlinear, and Soft Matter Physics, 2008, 78(1): 016108-016116.

Li M, Zhang Q, Deng Y. Evidential identification of influential nodes in network of networks[J]. Chaos, Solitons & Fractals, 2018, 117: 283-296.

Li X, Xiao R. Analyzing network topological characteristics of eco-industrial parks from the perspective of resilience: A case study[J]. Ecological Indicators, 2017, 74: 403-413.

Li Y Y, Zhang Y Z, Jiang Z Y, et al. Integrating morphological spatial pattern analysis and the minimal cumulative resistance model to optimize urban ecological networks: A case study in Shenzhen City, China[J]. Ecological Processes, 2021, 10: 1-15.

Lind P G, Gonzalez M C, Herrmann H J. Cycles and clustering in bipartite networks[J]. Physical Review E: Statistical, Nonlinear, and Soft Matter Physics, 2005, 72(5): 6127-6135.

Liu J, Dietz T, Carpenter S R, et al. Coupled human and natural systems: The evolution and applications of an integrated framework: This article belongs to Ambio's 50th Anniversary Collection. Theme: Anthropocene[J]. Ambio., 2021, 50: 1778-1783.

Liu X, Murata T. Community detection in large-scale bipartite networks[J]. Transactions of the Japanese Society for Artificial Intelligence, 2010, 25(1): 16-24.

Machlis G E, Force J E, Burch Jr W R. The human ecosystem part I: The human ecosystem as an organizing concept in ecosystem management [J]. Society & Natural Resources, 1997, 10(4): 347-367.

Man Y, Liu K, Xie T, et al. A multilevel social-ecological network approach for reconciling coastal saltmarsh conservation and development[J]. Journal of Environmental Management, 2023, 345: 118647.

Mitchel J C. Social networks in urban situations: Analyses of personal relationships in Central African towns[M]. Manchester University Press, 1969.

Mucha P J, Richardson T, Macon K, et al. Community structure in time-dependent, multiscale, and multiplex networks[J]. Science, 2010, 328(5980): 876-878.

Newman M E J, Girvan M. Finding and evaluating community structure in networks[J]. Physical Review E, 2004, 69(2): 6113-6128.

Newman M E J. Modularity and community structure in networks[J]. National Academy of Sciences, 2006, 103(23): 8577-8582.

Nie S, Li H. Analysis of construction networks and structural characteristics of pearl river delta and surrounding cities based on multiple connections[J]. Sustainability, 2023, 15(14): 10917.

Ong P M, Miller D. Spatial and transportation mismatch in Los Angeles[J]. Journal of Planning Education and Research, 2005, 25(1): 43-56.

Ostrom E. A general framework for analyzing sustainability of social-ecological systems [J]. Science, 2009, 325(5939): 419-422.

Palla G, Derényi I, Farkas I, et al. Uncovering the overlapping community structure of complex networks in nature and society[J]. Nature, 2005, 435(7043): 814-818.

Palla G, Farkas I J, Pollner P, et al. Directed network modules[J]. New Jounal of Physics, 2007, 9(6): 186.

Pereira J, Saura S, Jordán F. Single-node vs. multi-node centrality in landscape graph analysis: Key habitat patches and their protection for 20 bird species in NE Spain[J]. Methods in Ecology and Evolution, 2017, 8(11): 1458-1467.

Preiser R, Biggs R, De Vos A, et al. Social-ecological systems as complex adaptive systems: Organizing principles for advancing research methods and approaches [J]. Ecology and Society, 2018, 23(4).

Radcliffe-Brown A R. On social structure[J]. The Journal of the Royal Anthropological Institute of Great Britain and Ireland, 1940, 70(1): 1-12.

Rosvall M, Bergstrom C T. An information-theoretic framework for resolving community structure in complex networks[J]. National Academy of Sciences, 2007, 104(18): 7327-7331.

Ruddiman W F. The anthropocene[J]. Annual Review of Earth and Planetary Sciences, 2013, 41(1): 45-68.

Scheffer M, Carpenter S R, Lenton T M, et al. Anticipating critical transitions[J]. Science, 2012, 338(6105): 344-348.

Scott J. What is social network analysis? [M]. Bloomsbury Academic, 2012.

Syrbe U, Walz U. Spatial indicators for the assessment of ecosystem services: Providing, benefiting and connecting areas and landscape metrics[J]. Ecological Indicators, 2012, 21: 80-88.

Tang L, Wang X, Liu H. Uncovering groups via heterogeneous interaction analysis [C]//Ninth IEEE International Conference on Data Mining. IEEE, 2009: 503-512.

Turner B L, Kasperson R E, Matson P A, et al. A framework for vulnerability analysis in sustainability science[J]. National Academy of Sciences, 2003, 100(14): 8074-8079.

Wang G, Li J, Liu X, et al. Social-ecological network of peri-urban forest in urban expansion: A case study of urban agglomeration in Guanzhong Plain, China[J]. Land Use Policy, 2024, 139: 12385.

Wasserman S, Faust K. Social network analysis: Methods and applications [M]. Cambridge University Press, 1994.

Watts D J, Strogatz S H. Collective dynamics of "small-world" networks[J]. Nature, 1998, 393(6684): 440-442.

Wolf P M. Eugène Hénard and City Planning of Paris 1900-1914 [D]. New York University, 1968.

Xu M, Deng W, Zhu Y, et al. Assessing and improving the structural robustness of global liner shipping system: A motif-based network science approach [J]. Reliability Engineering & System Safety, 2023, 240: 1-15.

Zhang P, Li M, Mendes J F F, et al. Empirical analysis and evolving model of bipartite networks[J]. Physics and Society, 2008.

Zhang Q, Li M, Deng Y, et al. A new structure entropy of complex networks based on nonextensive statistical mechanics [J]. International Journal of Modern Physics C, 2016, 27(10): 1.

Zhang X. Modularity and community detection in bipartite networks [J]. American Journal of Operations Research, 2015, 5(5): 421-434.

Zhou Y, Liu Z. A social-ecological network approach to quantify the supply-demand-flow of grain ecosystem service[J]. Journal of Cleaner Production, 2024, 434: 139896.